减肥不反弹的
饮食法则

再见，
小肚腩！

清单编辑部————

编著

中信出版集团 | 北京

图书在版编目（CIP）数据

再见，小肚腩！：减肥不反弹的饮食法则 / 清单编
辑部编著. -- 北京：中信出版社，2020.8
（清单）
ISBN 978-7-5217-1998-7

Ⅰ.①再… Ⅱ.①清… Ⅲ.①减肥－食谱 Ⅳ.
①TS972.161

中国版本图书馆CIP数据核字(2020)第113135号

再见，小肚腩！——减肥不反弹的饮食法则

编　　著：清单编辑部
出版发行：中信出版集团股份有限公司
　　　　　（北京市朝阳区惠新东街甲 4 号富盛大厦 2 座　邮编　100029）
承 印 者：北京利丰雅高长城印刷有限公司

开　　本：787mm×1092mm 1/16　　　　印　　张：11.625
插　　页：6　　　　　　　　　　　　　字　　数：120 千字
版　　次：2020 年 8 月第 1 版　　　　　印　　次：2020 年 8 月第 1 次印刷
书　　号：ISBN 978-7-5217-1998-7
定　　价：79.00 元

出 版 人　许可
主　　编　龚瀛琦
执 行 主 编　张舒卓
策 划 编 辑　曹萌瑶 蒲晓天
特 约 编 辑　秦经纬 高龙 张婧蕊
责 任 编 辑　杨洁
设 计 总 监　吴纳
设　　计　张依雪 沈依宁 刁姗姗
摄　　影　高晨玮
营 销 编 辑　曾小洋 崔琦 陈和蕾
封 面 摄 影　高晨玮

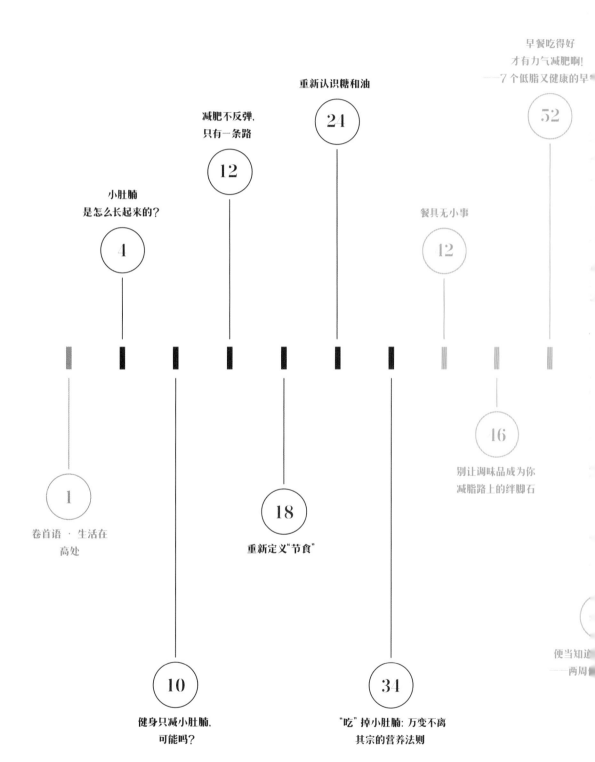

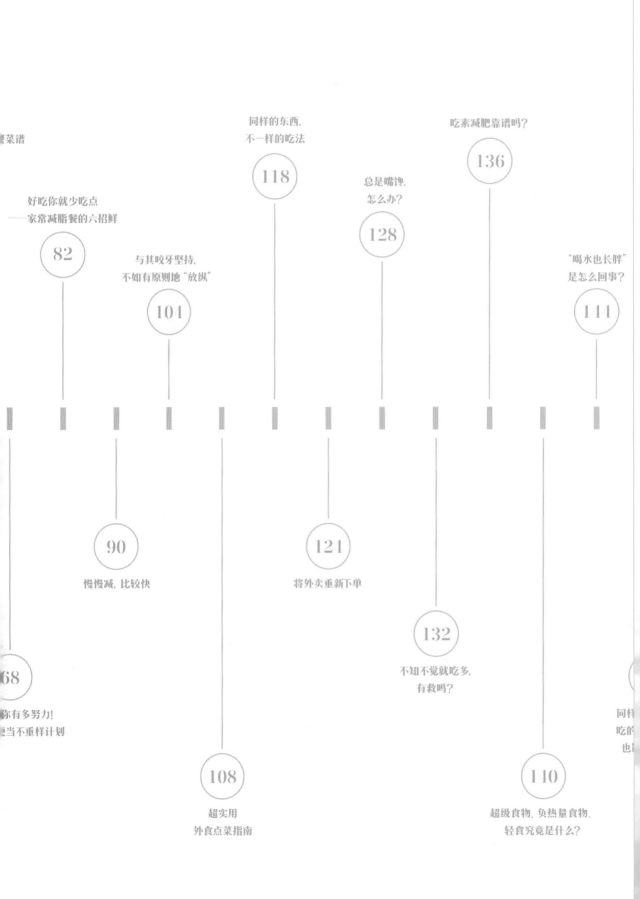

生活在高处

从前，有座山。

山脚下是一个五彩斑斓的花花世界，好吃的、好玩的，应有尽有、唾手可得。但这里也常常被迷雾笼罩，看不见远方，这种纸醉金迷的感觉虽然稀里糊涂，但让人欲罢不能。

想要冲破迷雾，只能一步一步向上爬。这需要费一些力气，也需要花一些时间，甚至会挑战我们的毅力和决心。因为并不总是能看见山顶在哪儿，也不知道前面会遇到什么风景。但选择放弃很简单，屁股一蹲、两腿一伸，一股脑儿就滚回山脚了。

山顶处和山脚截然不同，虽然没有山脚处那般丰富多彩，但也足够满足日常的需要。山顶的一切都井然有序，每一口呼吸都清冽澄澈，让人耳清目明。想要停留在山顶，需要出出汗、动动手，如果好吃懒做的话，就会"一不留神"滚回山脚下。想要再上来，对不起，只能再一点一点往上爬。

其实，每个人心里都有这座山。

山顶可能是我们理想的样子，扁平的腹部、紧致的肌肉，轻盈的状态不仅让身体更有活力，甚至让大脑都运转得更快了。但留在山顶，需要做出一些取舍，理智地告别山脚处的"诱惑"。哪怕偶尔下坡一段，也要提醒自己赶紧回来，有意识地告诉自己正在"下坡"，这样及时止损，也不会耗费太多心力。

怕就怕，无意识地越下越低，等到了山脚处才追悔莫及。毕竟，沿途的风景不是突然变化的，向下的姿势也总是比向上来得轻松。而山脚下形形色色的诱惑，也会有着某种巨大的"磁力"，让你裹足不前。想再上山，可没那么容易。

告别小肚腩的过程就是这艰苦的爬山历程，而且我们必须知道，终点并不是爬到山顶的那一刻。保存体力，持续地把力气花在如何在山顶驻足停留，才是更明智、更长久，甚至是告别小肚腩的唯一方法。虽然这需要我们每天多花费一点力气，但不需要很多时日，这就会成为毫无负担的习惯。我们确实要为此放弃一些欲望，因为选择了有节制的美好。在古希腊哲学的语境中，节制本身就是一种美德。

这就是《再见，小肚腩！》想要告诉大家的"武功秘籍"——摆脱小肚腩的根本要义，是不要让它长起来。而我们需要学习的，是养成一种告别小肚腩的饮食和生活方式。我想，看完这本书，你会找到答案。

主编 —————— 李流莹

1

理论篇

小肚腩是怎么长起来的？

撰文／秦经纬　插画／毛毛虫虫
摄影／舒卓

瘦子也可能有小肚腩？全身上下只有
肚子周围爱长肉？到底谁才是肥肉盘
桓腰间的罪魁祸首？

一千个人也许有一千种不同类型的肚腩，不过更多人长出小肚腩的理由可能非常相似，那就是体内脂肪过剩。

////////////

▶ **体内脂肪——"搞大你肚子"的元凶**

肚子是什么？对于大多数人来说，肚子其实是一个能很好地衡量你的身体，甚至生活状态是不是健康的参照物。因为它不但可以反映出我们的饮食和运动习惯，还能让我们据此了解自己的身体状况、体态问题等等。

一千个人也许有一千种不同类型的肚腩，不过更多人长出小肚腩的理由可能非常相似，那就是体内脂肪过剩。

其实，适量的脂肪是人体所必需的，我们需要它来维持体温、参与能量代谢、减少缓冲震动，从而保护内脏、骨骼等，同时脂肪也是体内最大的能量和养料储存库。但过多的脂肪会给身体健康带来各种各样的危害，例如有可能引发糖尿病、心脑血管病、高血压、癌症等疾病。

根据《中国居民膳食指南（2016）》，

男性体脂率在 15%～20%、女性体脂率在 25%～30% 的范围内都是比较健康的，过高则有肥胖的风险。

想要了解自己的体脂肪含量可以通过特定的仪器（例如双能 X 线吸收仪）和工具（例如皮脂钳）测量；或者用手捏一下侧腰、腹部的肉，如果厚度超过 2 厘米，说明体内脂肪可能超标，不过这种方法只适用于粗略的估算。

▶ **内脏脂肪高的人更容易长肚腩**

我们说到体内脂肪，主要指的是皮下脂肪和内脏脂肪。一般来说，体形较胖的人皮下脂肪会比较厚，腹部自然也有很多肉。不过，如果胖得很均匀，也就是说，只是皮下脂肪多的话，通过加强锻炼、规律运动，并且控制饮食，一段时间后就能成功瘦下来。

要是整个人的腰和肚子都胖得十分明显，

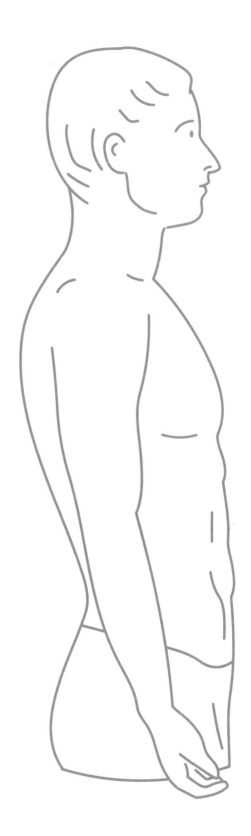

像戴着一个"游泳圈",甚至体重不高、看起来也不怎么胖的人腰围却严重超标,那就特别值得警惕了,因为这很可能是内脏脂肪多的表现。

相对于皮下脂肪,内脏脂肪多会更危险,想要减下去也更困难。内脏脂肪主要堆积在腰腹部的深层区域,过多的内脏脂肪引发各种慢性疾病的风险更高,而且会增加几乎所有疾病的病死率。

内脏脂肪的测定相对麻烦一些,目前常用的检测方法有计算机断层(CT)、磁共振成像(MRI)、超声检查、内脏生物电阻抗法(大部分体脂仪的测定方法)等。

腰臀比(腰围与臀围的比值)也是一个能反映内脏脂肪是否超标的数值,通常情况下,如果你的腰臀比高于一定数值(男性>0.85,女性>0.8),就说明内脏脂肪率偏高了。

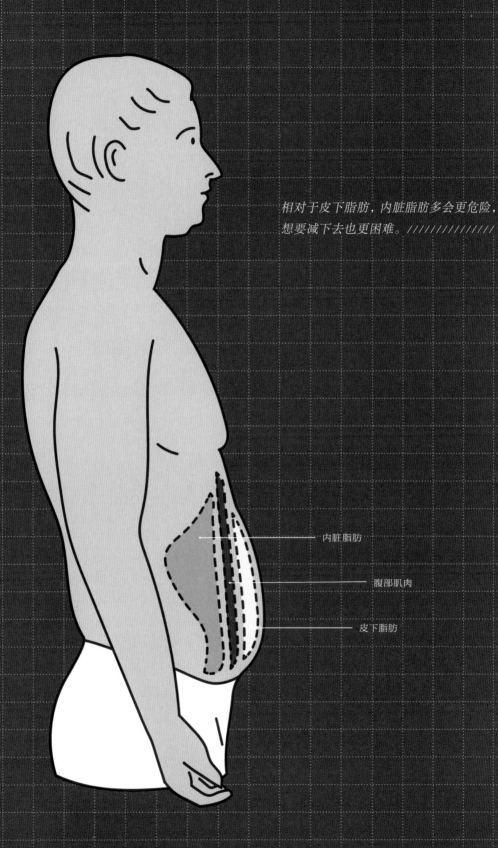

相对于皮下脂肪，内脏脂肪多会更危险，
想要减下去也更困难。///////////////

内脏脂肪

腹部肌肉

皮下脂肪

8

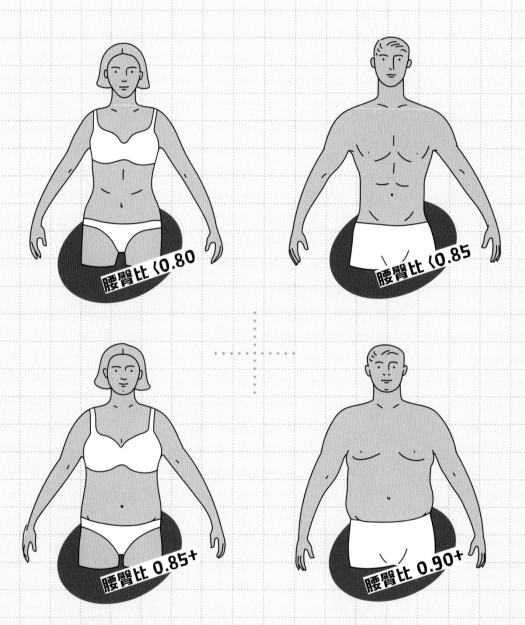

腰臀比 <0.80

腰臀比 <0.85

腰臀比 0.85+

腰臀比 0.90+

通常情况下，如果你的腰臀比高于一定数值（男性 >0.85，女性 >0.8），
就说明内脏脂肪率偏高了。////////////////////

▶ 我不胖，为什么也有小肚腩？

有的人看起来不胖却有小肚腩，这种情况还要考虑是不是病理、体态等问题导致的腹部状态，尤其是下腹部前凸。

例如消化不良导致的胃胀气会让肚子膨胀鼓起，腹部的积水、肿瘤也会令肚子看起来比较大。

久坐、坐姿不良、缺乏运动容易导致体态出现各种问题，而骨盆前倾就是比较常见的一种。有的人身材纤瘦却有小肚腩，尤其是小腹前凸，同时臀部后凸——前挺后撅，这就有可能是骨盆前倾的表现，想要改善就需要寻求体态专家的帮助了。

女性在产后身材可能有不同程度的改变，尤其是腹部会出现脂肪堆积、松弛等现象，不过大部分人都可以通过有针对性的锻炼、调节饮食等帮助恢复。

另外，随着年龄增长，正常人体内脂肪会逐渐增加，肌肉量却相应减少，腹部也就更容易囤积脂肪，因此选择契合年龄和身体状态的饮食和运动方案就变得更加重要。

▶ 想甩掉肚腩，"动、吃"就要两手抓

总的来说，不论哪种食物，只要摄入过多都会让我们长胖，消耗不掉的能量几乎全会转变为脂肪。其中糖类更容易以脂肪的形式储存在体内，而饮酒过多也会造成内脏脂肪囤积。因此，在日常饮食中，最好适当控制脂肪、糖、酒精的摄入量。

不过，即使想要甩掉肚腩，采用急功近利的饮食方式也不是明智之举，毕竟，想让体重和体脂率一直保持在合理范围内，是一件需要长期坚持的事。而将均衡且适量的饮食方式变成自己的日常用餐习惯，才是让肚腩永远远离你的前提，这也是我们接下来介绍的所有饮食方法的核心理念。

另外，如果你的饮食既均衡又适量，小肚子却顽固地一直都在，体脂率也居高不下的话，在排除病理、体态等原因后，就要想想自己的运动量是否足够了。在人体的三种能量消耗中，只有身体活动是我们唯一能进行自我调节的，即使是"吃不胖"的瘦子，如果不坚持有规律的运动，也很有可能变成"瘦胖子"；而本身已经偏胖的人，更需要适当增加运动量，这样才能让体脂率逐渐恢复正常。

3%～4%

6%～7%

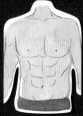

10%～12%

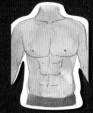

15%

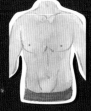

20%

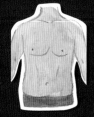

25%

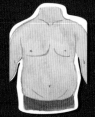

30%

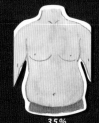

35%

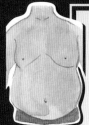

40%

男性体脂率
示意图

健身只减小肚腩，可能吗？

撰文 / 秦经纬　　插画 / 子丸喜四

不知从什么时候起，判断一个人是否拥有好身材的标志之一，就是看他 / 她是否拥有傲人的"人鱼线"或"马甲线"。似乎只要努力健身，尤其是常做针对腹部的运动，就可以减掉肚腩，但事实真是这样的吗？

女性体脂率
示意图

50%

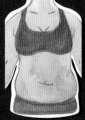

45%

40%

35%

30%

25%

20%～22%

15%～17%

10%～12%

▶ 腹肌不是只靠练就能出来的

如果你问一个健身教练，想练出马甲线或人鱼线需要多久，他（她）一定会问你："你现在的体脂率是多少？"

事实就是这样，如果你的体脂率足够低，腹肌不用练也能自己"跑"出来。同时，想要通过只锻炼腹部减肚腩也行不通，因为局部减脂基本上是不太可能的。

脂肪可以在脂肪酶的作用下分解为甘油和脂肪酸，然后再分别氧化成二氧化碳和水，这个氧化分解过程是全身进行的。也就是说，我们无法选择让身体某一部分的脂肪加速"燃烧"。因此，除非借助某些特定手段（例如吸脂），腹部脂肪是无法被局部减少的。

而腹部相对于身体其他区域又是囤积脂肪的"重灾区"：除了有皮下脂肪，还有内脏脂肪。人体的这种设计并不是故意为了给我们"甩掉"肚腩制造障碍，而是因为很多重要脏器都集中在这里，自然需要加强保护。同时这种组合也能让身体的核心区域稳定有力，在我们跑跳攀爬时能更加灵活和更有效地传导力量。

如果你的体脂率足够低，
腹肌不用练也能自己"跑"出来。///

▶ 想要平坦小腹，"管住嘴"更有效

看到这里也许有人会说，可是不是有很多人都在晒自己练出腹肌的照片吗？网上也有很多针对腹部减脂的运动，难道都没有效果吗？

实际上，大多数腹肌锻炼加强的都是腹部肌肉力量，或在一定程度上美化腹肌外观、修整形态，但要想让漂亮的腹肌显现出来，还需要把外面的赘肉减下去才行。

但这也并不意味着锻炼腹部就完全不能甩掉肚腩。腹部肌群属于核心肌群，是具有超强"燃脂"能力的大肌群，有针对性地将腰腹训练加入日常健身过程中，长期坚持当然有利于全身燃脂，对减腹也有效果。

那么，究竟需要将体脂率降到什么水平才能"请"出腹肌呢？一般来说，男性的体脂率到达 15% 左右、女性到达 20% 左右就可以隐约看到腹肌，而体脂率越低，腹肌线条越清晰。

不过值得注意的是，体脂率过低是对人体有害的，因为适量的脂肪是人体所必需的：维持体温、保护内脏和骨骼、提供能量都少不了它。女性天生体脂率是高于男性的，在内分泌层面上，激素水平与脂肪的代谢密切相关。脂肪对于女性也更加重要，当体脂率过低时会出现皮肤干燥、免疫力低下、经期异常甚至闭经等现象。

总的来说，想要拥有平坦的小腹，单纯通过做腹肌训练实现是很困难的，更有效的方法是降低体脂率。而想要降低体脂率，最有效也最直接的方法还是合理控制饮食，同时配合减脂运动，否则不论每天做多少组卷腹练习，只要管不住嘴，想让肚腩消失也是难上加难。

12

减肥不反弹，只有一条路

撰文 / 秦经纬　　图片来源 / 视觉中国　　摄影 /yir

减肥最难的，不是减不下来，而是减完没多久就反弹。经历几次"减肥—反弹"的循环之后，再坚强的人也会沮丧万分。

卡在"平台期"是一种让减肥人士既无奈又心酸的常见状况。明明吃得越来越少，怎么体重就不再往下掉了呢？到底怎么做才能真正成功减肥呢？

▶ 对热量保持觉察，
吃、动都要心中有数

　　"热量缺口理论"是最常被提到的减肥准则之一，只要消耗量大于摄入量，长期来讲就肯定能瘦。

热量总消耗=

基础代谢+运动+食物热效应

日常活动+运动

热量缺口=

热量总消耗-热量总摄入

通过节食减肥往往一开始很顺利，却很容易进入平台期，恢复正常饮食后又会很快反弹，最后越减越肥。//

　　理论上来说，这些公式是没错的，但实际执行起来却挑战重重。主要是因为热量很难精准计算，同时，身体的机制并非一成不变，它会对你所采取的各种措施做出可能在你意料之外的反应。

　　即便是同样的热量，如果选择不一样的食物，对身体的影响也是不同的。比如，低升糖指数（GI）的食物通常含有丰富的可溶性纤维，能够减缓身体对葡萄糖的吸收速度，还不会让血糖变得过高最后被转化成脂肪囤积。因此即使它和高升糖指数的食物有相同的热量，仍然没那么容易让人发胖。

　　这里要强调的是，制造热量缺口绝不仅仅是少吃。如果你不增加消耗量，仅仅靠控制摄入量来减肥，那减掉的除了脂肪外，还有肌肉和水，而且减得越快，其中肌肉所占的比重越大。因为存在于肌肉中的蛋白质是以和水分结合的形式存在的，理论上当我们减去 1 斤肌肉蛋白质，体重就能掉 4 斤，而减去 1 斤脂肪只能带来 1 斤体重下降。

　　只控制摄入量更危险的后果是，身体会启动一系列自我保护机制，比如更有效率地利用获取的能量，使支出变小，同时更努力地囤积能量（主要是以脂肪形式储存），甚至当我们

100 克薯片
≈527 千卡
≈快跑 50 分钟

停止减肥之后也不罢休。因为对它来说，维持原先的体重、保证我们能生存下去才是第一要务。通过节食减肥往往一开始很顺利，却容易进入平台期，恢复正常饮食后又会很快反弹，最后越减越肥。

所以，在这里我们并不建议大家单纯地通过计算热量的绝对值来减肥，但是我们需要对"热量"保持觉察，也就是对自己每天吃进去的和运动消耗的热量有所了解。

根据《中国居民膳食指南（2016）》的建议，一般来说，轻体力劳动的成年人，男性每日摄入热量应为 2 250 千卡，女性为 1 800 千卡。对于需要减肥的人，能量摄入每天减少 300 ~ 500 千卡是比较合理的。这样一个月大概可以减掉 2 ~ 4 千克的体重，也就是每周减 0.5 ~ 1 千克（这是比较理想又不容易反弹

的减重速度，而且减肥不等于减重，即使减重速度慢，但只要体脂率下降就是有效果的减肥）。

500 千卡是什么概念呢？吃掉一包 100 克的乐事原味薯片，你就大概能获取 527 千卡热量，而快跑 50 分钟，你几乎可以消耗掉 500 千卡。也就是说，对于一个需要减重的人来说，每天少吃一包薯片或者快跑 50 分钟就有可能达到最终目标。同样要制造 500 千卡的热量缺口，难度却不同，我们不要一味控制摄入量，"收支合理分配"才能达到更好的效果。

在减肥期间，通过了解自己的基础代谢和运动消耗的热量（参考本书"工具箱"部分），可以更有针对性地控制每一餐的摄入量；在减肥结束后，也可以以此为参考合理地安排每天的运动和饮食。

▶ **要"八分饱"，不要饿肚子：**
要关注体重的长期变化，不要纠结于短期增长

　　相比于通过对每餐热量精打细算来控制摄入量，从主观感受上来调整进食量是更易操作、也更有效的方法。

　　简单来说，每餐吃到"八分饱"时就放下筷子，就能很好地防止摄入过多的情况发生。什么是"八分饱"呢？就是你已经感觉不饿，有一些饱腹感，但仍可以再吃几口的状态，而不是让自己完全吃饱，甚至吃撑。同时，在进餐中有意地控制速度，并且专注在食物上也有助于控制摄入量。

　　这是因为消化道向大脑传达"我已经吃饱了"的信号需要一段时间，如果吃得太快就会在不经意中吃下更多东西，吃东西时不专心（例如在看电视、聊天时吃东西）也容易让人无意识地进食过量。

　　另外还要关注自己的体重和体脂率，但并

要想减肥不反弹，让身体形成一个热量支出和摄入都比较平衡的稳态，是一件需要终生保持觉察和坚持的事。///

不意味着饭后称体重发现自己长了两斤，就需要在下一顿饭少吃甚至不吃。正常情况下，我们的体重每天都在波动，这些数值的意义在于可以比较客观地告诉我们一段时间内的热量消耗和摄入是否平衡。

测量体重、体脂率最好在早上排泄完毕后，每次尽量在相同的情况下称，可以天天称但不是必须，并且不要过于纠结每一次的数值增减，而是以一个更长的周期（比如一星期、一个月）来看整体趋势。

在一个周期内，如果体重和体脂率都呈下降趋势，就说明现在的减肥方法可行；若二者都呈上升趋势，那么就要想想自己是否热量摄入过多或运动太少。假如体重和体脂率变化不一致，可以继续观察一段时间，或结合其他维度和外观变化进行综合判断。

▶ 保持身材，是一辈子的事

要想减肥不反弹，让身体形成一个热量支出和摄入都比较平衡的稳态，是一件需要终生保持觉察和坚持的事。而能让人一直坚持、不反弹的减肥方法一定不会是反人性的：营养摄入均衡，并且适度改变，是在减肥时需要遵循的原则。这个方法可能不能让你极速瘦身，却可以让你更"扎实"地得到理想身材，并且在减肥结束后也能继续遵循。

既然保持身材的关键是要认识到这是需要坚持一生的事，那么当你开始减肥之前就需要了解这样做的原因：是为了变得更健康，让肌肉更紧实、身体更灵活，还是单纯只是觉得自己的体重或体形不符合社会主流审美呢？

如果是因为一些不必要的困扰而对自己的身材不满意，不妨再重新考虑一下自己是否真的需要减肥，毕竟过低的体重或体脂率不但对人体有害，还会让人变丑、加速衰老。

当你已经有充足的动机准备开始减肥时，就要做好重新审视自己生活习惯的准备，一步步做出微调：采用更均衡、营养充足的饮食方式，减少摄入热量过高、营养价值低的食物；经常规律运动、减少久坐不动的时间——大量研究表明，每天累计进行 60 分钟以上的适度运动就有很好的减肥效果。

另外，养成记录饮食和运动的习惯，设定阶段性目标并做计划也是很好的减肥和保持身材的方法。长期坚持不但有助于时刻提醒自己，同时也便于监控和了解进展，不论这段时间的成果是好还是坏，对于接下来调整或保持饮食和运动计划都有积极的指导意义。🔟

18

重新定义"节食"

撰文 / 高龙　摄影 / 舒卓　部分图片来源 / 视觉中国

减肥需要节食，但节食不是饿肚子或不吃肉，而是营养均衡地
制造热量缺口。

▶ 短期有效的宏量营养素控制型饮食法

虽然全世界几乎每天都有新的减肥饮食法问世，但从 20 世纪 80 年代至今，受众最多同时争议也最大的减肥饮食法其实只有一种：宏量营养素（碳水化合物、蛋白质和脂肪）控制型饮食法。主要分为低脂肪饮食法和低碳水饮食法，我们熟悉的生酮饮食法和哥本哈根饮食法都属于低碳水饮食法中的一种。

低脂肪饮食法的减肥原理是热量缺口理论。因为单位体积的脂肪比碳水化合物和蛋白质含有更高的热量——每克脂肪的热量为 9 千卡，而每克碳水化合物和蛋白质的热量仅为 4 千卡，所以少吃脂肪可以更高效地减少热量摄入，进而制造更大的热量缺口，达到减肥的目的。

低碳水饮食法的减肥原理则是生酮理论。当人体每日碳水化合物的摄入少于 50 克时，体内的碳水储备会急速下降。这时大脑因为无法获得足够燃料，就会强迫身体把存储的脂肪转化成酮体为大脑供能。长此以往，体内存储的脂肪少了，自然也就达到了减肥的目的。

所以，控制宏量营养素真的可以减肥吗？低脂肪和低碳水饮食法哪种减肥效果更好？2007 年和 2009 年分别发表在《美国医学会杂志》和《新英格兰医学杂志》上的两项研究告诉我们：在保证热量缺口的前提下，低脂肪饮食法和低碳水饮食法都能达到一定的减肥效果。持续时间为一年时，低碳水饮食法的减肥效果更明显，但当时间拉长到两年时，两者的减肥效果相差不大。而关于这两种饮食法长期（两年以上）的减肥效果，因为数据不足，目前科学界还没有统一定论。

在保证热量缺口的前提下，低脂肪饮食法和低碳水饮食法都能达到一定的减肥效果。 ///////////////

19

低碳水饮食法

2007 年，发表在《美国医学会杂志》上的一项研究比较了四种减肥饮食法：阿特金斯饮食法（极低碳水）、区域饮食法（低碳水）、传统饮食法（高碳水）和奥尼许饮食法（极高碳水）。这项为期 12 个月的试验跟踪了 300 多名超重和肥胖的绝经前女性，将她们随机分配到不同的饮食组中。

一年后，与其他饮食组相比，阿特金斯饮食组的女性减重更多，其他三种饮食法之间没有明显的减重差异。

这项研究还考查了这些饮食法对新陈代谢的影响（如胆固醇水平、体脂率、血糖水平和血压），发现阿特金斯组的考查结果与其他饮食组相当或优于其他饮食组。

虽然这项研究对低碳水减肥饮食法的长期效果和作用机制提出了质疑，但研究人员得出结论：低碳水、高蛋白、高脂肪是切实有效的减肥饮食法。

低脂肪饮食法

2009 年，发表在《新英格兰医学杂志》上的一项研究测试了四种不同类型的饮食法：低脂肪和中等蛋白（20% 和 15%）、低脂肪和高蛋白（20% 和 25%）、高脂肪和中等蛋白（40% 和 15%）、高脂肪和高蛋白（40% 和 25%）。

该研究将 800 名受试者随机分配到四个饮食组中，并在接下来的 2 年里对他们进行了随访。研究结果显示，尽管宏量营养素的比例有所不同，但所有饮食法均达到了一定的减肥效果，而且四种饮食法的平均减重数值相差无几。

该研究还发现，受试者参与的团体治疗越多，减肥效果就越明显，之后体重反弹的概率也越低。这个发现证实了一个观点：对于减肥来说，吃什么和吃多少固然重要，但行为、心理和社会文化因素同样重要。

◑◐
低碳水类

名称	阿特金斯饮食法（Atkins Diet）	生酮饮食法（Keto Diet）	原始人饮食法（Paleo Diet）
理念	低碳水，但不限制优质脂肪和蛋白质的摄入。共分四周，前两周每天最多摄入20克碳水，当你即将达到目标体重时，逐渐增加碳水摄入，直到体重下降趋势放缓。最后，在不反弹的前提下，随便吃健康的碳水化合物。	极低碳水，极高脂肪，适量蛋白质。通过强迫人体燃烧脂肪而非碳水化合物，实现短时间内迅速减肥。生酮饮食者的能量60%～75%来自脂肪，15%～30%来自蛋白质，只有5%～10%来自碳水化合物。	将奶制品和谷物替换为来自自由放养的牲畜的肉类、新鲜的水果和蔬菜，通常为65%的动物性食物和35%的植物性食物。原始人饮食者的能量60%来自脂肪，22%来自蛋白质，18%来自碳水化合物。
缺点	1.摄入过少的碳水化合物可能导致便秘，以及疲劳、易怒和眩晕等低血糖症状； 2.鼓励食用含有饱和脂肪酸的食物可能增加罹患心脏病的风险； 3.大量食用肉类，对不爱吃肉的人和素食者不太友好，同时限制食用豆类、水果、淀粉类蔬菜和全谷物，长远来看对健康无益； 4.人体是否能够进入生酮状态存在争议，同时长期的减肥效果缺少数据支持。		大量食用肉类，对不爱吃肉的人以及素食者不太友好。同时彻底抛弃奶制品和谷物两大食物群，长远来看对健康无益。
总结	更适合想要短期内迅速减肥的人。开始尝试之前，最好寻求营养学家的专业指导。同时，建议将食谱中的饱和脂肪酸（如黄油、奶酪等）替换成如橄榄油、坚果和海鲜等富含不饱和脂肪酸的食物，并在生酮初期严密监控血糖情况。		因为去除了大量健康维生素和矿物质，更适合想要摆脱高碳水和高糖饮食习惯的人短期使用，建议不超过12周。

●●
低脂肪类

名称	奥尼许饮食法（Ornish Diet）	TLC饮食法（Therapeutic Lifestyle Changes）
理念	日常脂肪供能不超过10%。	日常脂肪供能不超过35%，其中饱和脂肪不超过7%。另外，每日摄取的胆固醇不超过200克。
缺点	1.需要持之以恒地计算不同食物群的比重，不易坚持； 2.容易忽略食物中的精炼碳水化合物，影响减肥效果。	
总结	本质上是养生法而不是减肥法，更适合心血管疾病和高脂血症患者作为日常饮食指南使用。	

▶ 不容忽视的弊端

　　既然真的管用,那是不是意味着控制宏量营养素就是减肥的最佳选择呢?

　　遗憾的是,它们并不是。因为和效果一样不容忽视的就是它们的弊端。

　　低脂肪饮食法意味着更多的碳水摄入量。如果使用者不能在日常饮食中自觉剔除精制碳水化合物,不仅会带来严重的健康风险,还会影响减肥效果,因为精制碳水化合物属于高升糖指数食物,更容易被吸收,让人们饿得更快。

　　越来越多关于低碳水饮食法的研究显示,大多数低碳水饮食法成功的关键并不是生酮理论,而是食物选择——更少的碳水可以降低对糖分的渴望,更多的蛋白质还可以抑制食欲。这样的食物选择更有利于减少热量摄入,制造热量缺口。

　　除此之外,生酮理论也存在健康风险。脂肪和蛋白质摄入的增加会加重肝肾的代谢负担。同时,身体进入生酮状态需要一定时间,其间随着体内碳水的消耗殆尽,使用者可能会因为低血糖而体会到不同程度的眩晕、疲劳、困乏和易怒,影响正常生活。

越来越多关于低碳水饮食法的研究显示,大多数低碳水饮食法成功的关键并不是生酮理论,而是食物选择。//////////

▶ 重新定义"节食"

　　美国营养学家、美国营养师协会创始会员佛朗西斯·显凯维奇·赛泽在她的《营养学——概念与争论》一书中告诉我们：任何指定营养素比例不符合膳食营养素参考摄入量（DRI）推荐范围的饮食法，都属于不靠谱的饮食法。

　　换句话说，控制宏量营养素从长远来看并不是理想的减肥饮食法，会对身体器官和机能造成损害。

　　不过好消息是，某种特定的饮食法并不是减肥的关键，真正的关键在于你对节食的理解——减肥需要节食，但节食不是饿肚子或不吃肉，而是营养均衡地制造热量缺口。

　　只要你能在日常生活中保持营养均衡的饮食习惯，你完全可以在此基础上根据自己的需求制定属于自己的减肥饮食计划。无数人的减肥经历告诉我们，只有科学健康、容易坚持且不易反弹的饮食法才有可能变成我们生活方式的一部分，让我们不仅能在想瘦时变瘦，还能在变瘦后不再反弹。🍴

24

重新认识糖和油

撰文 / 高龙　　插画 / 毛毛虫虫

摄影 /Olia Nayda

在众多的热量来源中，游离糖和反式
脂肪酸可能是对健康威胁最大的两种。

高粱糖浆

甜菜糖

角豆糖浆

果葡糖浆

蜂蜜

糖浆

特细精糖粉

焦糖

龙舌兰糖浆

枫糖

细白砂糖

脱水甘蔗汁

红糖

玉米糖浆干粉

葡萄糖

浓缩果汁

糖化麦芽

精制糖浆

山梨醇

▶ 重新认识糖

在关于糖的传统认知中,"吃糖有害"这种观点最为普遍。

吃糖真的有害吗? 答案取决于你吃的是哪种糖,以及你吃了多少。在营养学领域,糖通常指相对简单的单糖和双糖,并不包括淀粉和纤维素等复杂糖分。其中,单糖是糖类的基本单位,能直接被人体吸收利用,如葡萄糖、果糖、半乳糖等;双糖由两个单糖组成,基本能全部被人体吸收利用,如蔗糖、麦芽糖和乳糖等。

而吃糖有害的前提就是你吃的是游离糖。根据世界卫生组织的研究,"游离糖"指生产商、厨师或消费者在生产和制备过程中添加到食品和饮料中的单糖和双糖,比如白砂糖、葡萄糖、红糖、玉米糖浆等精制糖,以及天然存在于蜂蜜、糖浆、果汁和浓缩果汁中的糖分,但并不包括新鲜水果和蔬菜中的内源性糖。

游离糖有害,一方面是因为它们能够被人体快速吸收,引起体内代谢的大幅波动,进而增加高血脂、糖尿病、高尿酸、高血压等代谢综合征,甚至癌症产生的风险;另一方面则是因为游离糖属于"空卡路里",意味着它只有热量,没有任何额外的营养素,过量摄入极易导致肥胖和与肥胖相关的疾病。

而控制游离糖的摄入也没有你想象的那么容易。一方面,当游离糖以果糖的形式出现在食物和饮料中时,它不像其他糖类那样会增加饱腹感,所以非常容易过量摄入;另一方面,游离糖大多数时候处于隐形状态——它不只有"糖"这一个名字,也不只会出现在甜品之中。事实上,我们生活中大部分加工食品中都能找到游离糖的化身。

• 糖的 39 个别称

乳糖　麦芽糖　糖霜　黄糖　黄油糖浆

麦芽糖浆　金砂糖

甘蔗汁　分离砂糖　蔗糖

大米糖浆　甘露醇　果糖　粗糖　砂糖　玉米糖浆

麦芽糖糊精　半乳糖　葡聚糖

果汁

所以，我们到底应该如何吃糖？

从健康角度来说，游离糖的摄入量越少越好。世界卫生组织建议，游离糖的摄入量应该限制在每天总能量的10%以下，最好不超过5%。而《中国居民膳食指南（2016）》推荐每日摄入添加糖不超过50克，最好少于25克。一瓶500毫升含糖量10%的饮料，含糖量约为50克，这样的饮料只需一瓶就能达到推荐量的上限。相比游离糖，糖分的最佳来源是富含膳食纤维等优质碳水化合物的全谷物食品、蔬菜和水果。它们能为身体提供能量，营养价值也更高。如果实在渴望甜食，可以少量摄入含有代糖的食品和饮料。不过需要注意，部分研究表明人工甜味剂可能引起低血糖，以及恶心、眩晕等不良反应。

◑ 游离糖和添加糖

《中国居民膳食指南（2016）》中把食品中额外添加的糖叫作"添加糖"。相比游离糖，添加糖的概念外延更小，比如果汁饮料中的糖属于添加糖，而鲜榨果汁中的糖则属于游离糖。在日常饮食中，添加糖可以完全剔除，游离糖的摄入量也应该越少越好。

▶ 重新认识油

如果说重新认识糖要从游离糖开始，那重新认识油就要从我们熟悉的植物油开始。

在过去很长一段时间里，中国关于食用油的主流观点都是植物油比动物油更健康。不仅超市货架上满满都是大豆油、花生油、菜籽油等植物油，甚至不少家庭延续了几代人的用猪油做菜的烹饪习惯也慢慢被抛弃了。这种观点背后的理论依据是动物油中饱和脂肪酸含量过高，容易导致心脑血管疾病，而植物油中以不饱和脂肪酸为主，所以更健康。

不过，植物油真的比动物油更健康吗？

并不见得。

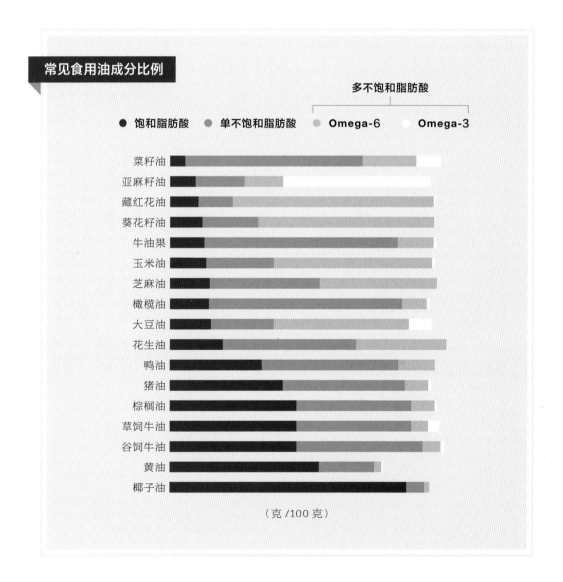

常见食用油成分比例

● 饱和脂肪酸　● 单不饱和脂肪酸　多不饱和脂肪酸　Omega-6　Omega-3

菜籽油
亚麻籽油
藏红花油
葵花籽油
牛油果
玉米油
芝麻油
橄榄油
大豆油
花生油
鸭油
猪油
棕榈油
草饲牛油
谷饲牛油
黄油
椰子油

（克 /100 克）

首先,植物油(以不饱和脂肪酸为主)健康与否取决于它的加工方式、你的烹饪方式,以及你的日常摄入量。

一方面,错误的加工和烹饪方式带来的是被称为"健康杀手"的人造反式脂肪酸。

人造反式脂肪酸分两类。一类来自"氢化"工艺,这种工艺不仅可以人工控制产品的硬度,让液体的豆油变成猪油或黄油的硬度,还可以与其他配料一起做成食品原料,比如烘焙离不开的起酥油、冲调产品中常见的奶精等等。另一类则来自油脂的加工或烹调过程。只要是液态的油脂,用180℃以上的温度长时间加热,比如煎炸等烹饪方式,都会产生反式脂肪酸。加热的时间越长,产生的反式脂肪酸就越多。

反式脂肪酸最大的危害就是会增加人们罹患心血管疾病的风险。研究显示,如果每天摄入反式脂肪酸5克,心脏病的发病率会增加25%。2018年5月14日,世界卫生组织已经发表声明,呼吁全面停用反式脂肪酸。

另一方面,不饱和脂肪酸,确切地说,Omega-6多不饱和脂肪酸的过量摄入更有可能导致一系列与炎症相关的疾病。

不饱和脂肪酸分为单不饱和脂肪酸和多不饱和脂肪酸,而多不饱和脂肪酸包括Omega-3和Omega-6两种。两者同为人体必需的脂肪酸,但在炎症反应和心血管健康方面却具有完全相反的效果——Omega-6促进炎症的发生,而Omega-3缓解并抑制炎症。

科学家们认为两者的摄入比例严重失衡是造成很多现代疾病的重要原因,包括心血管疾病、癌症、炎症、自身免疫性疾病等。中国人偏爱使用植物油烹饪的习惯往往造成Omega-6的摄入过量,让这个比例可达20∶1甚至30∶1,远超推荐的摄入比例4∶1。

其实,动物油(以饱和脂肪酸为主)可能比你想得更健康。

首先,饱和脂肪酸在提升"坏胆固醇[①]"的同时,还会提升"好胆固醇[②]"——与坏胆固醇正相反,这种胆固醇可以预防心血管疾病的发生。不仅如此,1998年发表在《美国临床营养学杂志》上的一项研究还发现摄入饱和脂肪酸还可以将危险的坏胆固醇转化为良性胆固醇,反而可以降低心血管疾病的风险。

说了这么多,我们到底应该如何健康地"吃油"?

根据《中国居民膳食指南(2016)》,我们每日摄入脂肪的1/3来自食用油。所以,健康吃油的第一步就是正确挑选和使用食用油。

---

① 坏胆固醇指低密度脂蛋白胆固醇,简称 LDL-C。　② 好胆固醇指高密度脂蛋白胆固醇,简称 HDL-C。

总的来说，在原料优质的前提下，压榨法优于浸出法，
冷压榨优于热压榨，初榨优于精炼。//////////////

❶ 调和油更健康吗？

理论上来说，是的。根据世界卫生组织的研究，健康的食用油需要具备以下三种特质：第一，饱和脂肪酸、单不饱和脂肪酸、多不饱和脂肪酸的比例为 1∶1.5∶1；第二，Omega-6 和 Omega-3 多不饱和脂肪酸的比例为5～10∶1；第三，含有抗氧化物。

无论是动物油还是植物油，单品油因为缺乏 Omega-3 多不饱和脂肪酸，很难同时满足前两点。而调和油可以通过对不同精炼油的配比同时满足这三个特质，兼具更合理的脂肪酸比例、更高的稳定性和更高的抗氧化物和活性物质的含量。不过，现实生活中在选购调和油时，一定要仔细阅读配料表和营养成分表，确保配料中含有足够的 Omega-3 多不饱和脂肪酸。

挑选时，要注意油的加工方式。总的来说，在原料优质的前提下，压榨法优于浸出法，冷压榨优于热压榨，初榨优于精炼。冷压初榨得到的油不仅安全性最高，而且保留的营养成分也最多，是最理想的食用油选择。不过遗憾的是，因为精炼可以让油的外观更好看、稳定性更高、保质期更长，目前超市售卖的食用油仍以精炼植物油为主。

所以，挑选时一定要仔细阅读包装上的食品标签。首选冷压初榨植物油，其次选择采用压榨法且质量等级为一级的精炼植物油，虽然其营养成分没法与初榨植物油相比，但至少安全性足够高。

使用时，则需要注意油的烟点并经常更换食用油的种类。

常见食用油的烟点

种类	烟点
精炼牛油果油	270℃左右
藏红花油	265℃左右
米糠油	254℃左右
精炼 / 轻质橄榄油	240℃左右
大豆油	232℃左右
花生油	
印度酥油 / 澄清牛油	
玉米油	
精炼椰子油	
精炼芝麻油	210℃左右
菜籽油	204℃左右
葡萄籽油	199℃左右
未精制 / 初榨牛油果油	190℃左右
鸡油 / 鸭油	
猪油	188℃左右
植物起酥油	182℃左右
未精制芝麻油	177℃左右
未精制 / 特级初榨椰子油	
特级初榨橄榄油	163 ~ 190℃左右
黄油	150℃左右

参考文献

◆ Detwiler, S. B., Markley, K. S. Smoke, flash, and fire points of soybean and other vegetable oils[J]. Journal of the American Oil Chemists' Society, 1940, 12(2): 39-40.

◇ Jacqueline B. Marcus. Culinary Nutrition: The Science and Practice of Healthy Cooking[M]. Academic Press, 2013.

首先，从健康角度考虑，最理想的用油方式是用椰子油进行高温煎炒，用橄榄油和亚麻籽油进行凉拌和蒸煮等低温烹饪。但考虑到实际情况，我们很难完全避开超市售卖的精炼植物油和煎炒等烹饪方式。所以，相对健康的烹饪方式就是尽量避免油炸，在增加日常饮食中低温烹饪和凉拌的同时减少煎炒的比例，只在必须时使用精炼植物油。

除此之外，《中国居民膳食指南（2016）》推荐应经常更换食用油的种类，而且要更换脂肪酸构成比例不同的油。例如，你一直吃花生油，可以试着换成大豆油和亚麻籽油等。一方面，可以避免长期吃一种油造成的其他脂肪酸的缺乏；另一方面，还可以避免前面提到的 Omega-6 多不饱和脂肪酸的过量摄入。

不过首先需要注意的是，现实生活中如果同时买那么多种油，很可能会因为消耗速度慢而导致过期。所以建议购买小瓶装，种类不需太多，满足日常炒菜、凉拌以及偶尔的煎炸即可。

其次，要丰富脂肪的摄取来源。脂肪就是油，但脂肪的来源不只有食用油。根据《中国居民平衡膳食宝塔（2016）》，成年人的脂肪来源分为植物脂肪和动物脂肪两部分。植物油属于植物脂肪的一部分，约占每日脂肪总摄入量的 1/3，剩下的 2/3 则来自奶和奶制品、大豆和坚果类、畜禽类、水产品和蛋类。所以，健康吃油不仅意味着正确使用食用油，还意味着要丰富脂肪的摄入来源。尤其当现实情况让我们无法从食用油中获取足够的 Omega-3 多不饱和脂肪酸时，深海鱼、腰果、花生、亚麻仁、奇亚籽都是良好的替代来源。

最后，控制反式脂肪酸的摄入。根据我国卫生部（现为卫计委）于 2007 年 12 月颁布的《食品营养标签管理规范》，所有的食品包装上都必须标注反式脂肪酸的含量。如果每100 克食物中的该类脂肪含量小于0.3 克，可认为不含有反式脂肪酸。

所以，购买食物前一定要认真阅读食品标签。通常情况下，如果食品配料表中含有代可可脂、植物黄油（人造黄油）、氢化植物油、部分氢化植物油、氢化脂肪、精炼植物油、氢化菜油、氢化棕榈油、固体菜油、酥油、起酥油、人造酥油、雪白奶油，即含有反式脂肪酸。各类糖果、糕点、奶精、饼干、面包，还有速冻、膨化和油炸食品都是反式脂肪酸的重灾区。

"吃"掉小肚腩:
万变不离其宗的
营养法则

撰文 / Tinco   插画 / 子丸喜四

适合长期遵循的饮食法则只有一条,那就是食物和营养全面均衡的健康饮食法则。只要对热量摄入有意识,小肚腩总有一天会被慢慢"吃"掉。

　　我们参照《中国居民膳食指南(2016)》(下文简称"膳食指南")和美国农业部推荐的《餐盘法则》(*MyPlate Plan*),梳理了一套更简化、更具实操性的全面均衡的营养法则。

　　在希望保持体重期间,你完全可以按照膳食指南的建议量来吃;而在减重期间,你可以在保持食物种类依然全面的前提下,按建议量的 75% ~ 85% 来吃;搭配日常运动来制造热量缺口,长期来看同样是一个帮助减重的饮食方案,而且健康风险非常低。

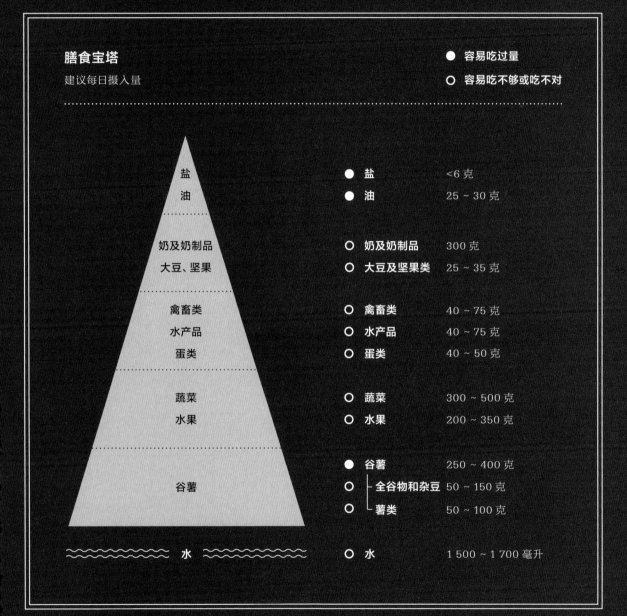

膳食宝塔
建议每日摄入量

● 容易吃过量
○ 容易吃不够或吃不对

● 盐	<6 克	
● 油	25 ~ 30 克	
○ 奶及奶制品	300 克	
○ 大豆及坚果类	25 ~ 35 克	
○ 禽畜类	40 ~ 75 克	
○ 水产品	40 ~ 75 克	
○ 蛋类	40 ~ 50 克	
○ 蔬菜	300 ~ 500 克	
○ 水果	200 ~ 350 克	
● 谷薯	250 ~ 400 克	
○ ├ 全谷物和杂豆	50 ~ 150 克	
○ └ 薯类	50 ~ 100 克	
○ 水	1 500 ~ 1 700 毫升	

塔内文字（从上到下）：盐 油 / 奶及奶制品 大豆、坚果 / 禽畜类 水产品 蛋类 / 蔬菜 水果 / 谷薯 / 水

数据来源：《中国居民膳食指南（2016）》

主食粗粮细，肉蛋每餐有，
蔬菜不嫌多，每天喝点奶。

每一餐主食、蛋白质、蔬菜水果的体积比例大约是 1：1：2，

每一类食物的一份约为自己一个拳头大小。

▶ **什么都吃点，主食粗粮化**

　　一切生命活动都离不开能量，人体必需的营养素有 45 种之多，包括碳水化合物、蛋白质、脂肪这类宏量营养素，以及维生素、矿物质这些微量营养素。对我们来说，要记住每一种食物都由哪些营养素构成是不现实的，所以最简便的方法就是"什么都吃点"！

　　膳食指南推荐的膳食宝塔基本囊括了我们日常所需的所有饮食类目，包括谷薯、蔬菜、水果、肉蛋、豆类、奶制品、油盐这几大类，可以参考这个膳食宝塔来衡量自己是不是吃得足够全面。

　　在中国人熟悉的饮食结构中，人们特别容易吃超量的是主食。尤其在北方，日常以面食为主，主食的种类往往比较单一，多为精制谷物（白米、白面）。新鲜蔬菜、水果吃得较少。实质上就主食的种类而言，全谷物和薯类也是建议每天都吃的。全谷物指的是保留了天然谷物全部成分的谷物，比如小米、玉米、红豆、绿豆等，薯类则是马铃薯、红薯这类。这些我们日常所说的"粗粮"，相比白米白面富含更多的营养素和膳食纤维，是更健康的选择。

如果想每天吃得均衡，
最简单的思路是尽量每餐都吃得均衡。/////////////////////////////

▶ 肉豆每餐有，蔬果不嫌多

主食容易吃多的同时，很多人优质蛋白质和蔬菜水果的摄入量常常不够。

先来说蛋白质，比如很多人早餐时就吃馒头、粥，没有吃鸡蛋、吃肉的习惯，无形中增加了碳水化合物类在一天饮食中的占比。类似的组合还有油泼面配凉皮、比萨配意面、土豆丝配白米饭……几乎就只有主食配主食了。虽然主食中含有一部分蛋白质，但主食中的蛋白质含量通常不够，且氨基酸并不全面，所以除了主食，还应吃点儿其他含有丰富氨基酸的食材，如豆制品和肉类。还有些素食爱好者不吃肉蛋，又不注重额外补充豆制品这类植物蛋白，长此以往会因为缺乏蛋白质而营养不良。

然后再来看蔬菜水果，膳食指南的建议是蔬菜每天 300～500 克、水果每天 200～350 克，其中深色蔬菜要占到蔬菜量的50%以上，包括深绿色、深紫色、红色等有色蔬菜。如果拿这个标准来衡量，可能很多人之前都没意识到，自己吃的蔬菜种类是不够全的。而且，这里主要指的是新鲜蔬菜，腌制发酵过的蔬菜有可能产生更多的致癌物或钠超标，并不推荐经常食用。

另外要注意的是，水果并不能替代蔬菜，它们的营养素构成并不相同。而且水果往往含糖量较高，不宜吃过多。但是作为早餐的膳食纤维补给，或者白天肚子饿时的加餐，都是非常适合的。

如果想每天吃得均衡，最简单的思路是尽量每餐都吃得均衡。我们画的餐盘示意图，可以帮你检查每餐中是不是有一些类目没有吃到，蔬菜是不是吃得足量，如果你每一餐除了主食以外，还有肉类和豆类，以及蔬菜和水果，长期来看就是一个可持续的健康饮食方案。

无论是从瘦身还是健康的角度来看，
清淡的饮食方式都值得被大力提倡。 //////////////////////////////////

▶ **每天喝点奶，控制油盐糖**

　　中国人的乳制品平均摄入量从全球范围来看一直是偏低的。比如钙这种营养素，乳制品是其最佳的天然获取来源。所以膳食指南建议每人每天摄入相当于鲜奶300克的奶类及奶制品，但很多人都没有做到。

　　在中式烹饪中，特别容易忽视的一个方面就是与烹调方式、调味料的选择相关的不健康因素。已经有充分的研究表明，盐、糖、油的过量摄入会增加患高血压、高血脂等慢性疾病的风险。比如在做红烧类菜肴时，很多人还会额外添加糖来提升口感，但这并不是膳食营养所需；还比如油炸类的烹饪方式，可能一道菜的用油就超过了膳食指南一天的建议量（25克）。

　　所以总体而言，无论是从瘦身还是健康的角度来看，清淡的饮食方式都值得被大力提倡，而像油炸、腌制、烧烤等方式应该尽量避免，更不推荐在减肥的时候采纳。

　　最后，让我们再来复习一下营养法则：

主食粗粮好，肉蛋每餐有，蔬菜不嫌多，每天喝点奶。

　　尽量做到每餐都是主食＋肉／豆＋蔬果的搭配，尽量多选择粗粮、瘦肉和深色蔬菜，然后每天衡量一下谷薯、蔬菜、水果、肉蛋、豆类、奶制品自己是不是都吃到了，每餐吃到八分饱就能控制总量。如果能长期遵循这个原则，你就已经拥有健康的"易瘦体质"啦。🍴

实操篇

餐具无小事

撰文、摄影 / 舒卓

餐具能左右你的体重？当然不能，能左右你
体重的是你自己，但合适的餐具绝对可以帮
上大忙。餐具不但可以起到控制食量的作用，
还能让人感觉吃得更饱、吃得更好。餐具的
大小和样子看起来是件小事，但如果你对体
重和体脂有了要求，这便不再是一件小事了。

▶ 大盘小碗

两个面积相等的圆形,一个在大圆的包围中,另一个在小圆的包围中,结果前者显小,后者显大,这就是德勃夫错觉——因对比而诱发的一种面积大小错觉:实际上面积相等的几个圆形在大小不同圆形背景衬托下,看起来显得不相等的现象。

受到德勃夫错觉的启发,有科学家进行了有关餐具大小对进食量影响的研究,认为同样分量的食物,放在大小不同的餐具里,会显得分量不同,从而影响人们的进食量。但最近也有科学家提出,这种错觉可能并不像人们之前以为的那样"有效"。或许这些错觉对人们进食量的实际影响因人而异,但就感受上来说,看起来更多的食物,会更容易提醒人们:你吃够了。用小餐具,似乎更容易达到减肥目的——只要把家里的餐具都换小一号,我们就能自然而然地瘦下去。

听起来非常美妙,但考虑到我国的饮食习惯,似乎不太现实。我们常见的情景是,一家人一起吃晚餐,如果因为其中一个人需要减脂,把所有的餐具都变小,其他家庭成员可能就会变成阻止你减脂的最大障碍——他们会因为吃得不痛快而抗议。大盘小碗可能是解决这个问题的办法,用大盘子装菜,小碗装主食,需要的人可以去添饭,而正在控制体重的人守住自己的"不添饭"原则即可。如果是一人食,同样也可以用大盘小碗的办法,大盘子里可以是高纤维类、热量密度小的食材,而主要提供热量的食材用小碗盛放,同样可以提供吃了不少东西的满足感,且热量还在控制之中。

43

大的食器容易让我们吃得更多——我们的食量常常取决于眼睛而不是胃的感觉。//////////////////

▶ 选一个完美的餐盒

如果一个体脂率较高的人突然开始带饭，那他很有可能开始减脂了。自己做饭的确更容易掌握每餐的用料与热量配比以及口味，但如果还用原来采买的大餐盒带饭，也许减脂的过程会被大大拉长甚至最终失败。因为这容易让你习惯性地按照原来的食量盛装饭菜，容易导致减脂效果不明显；但如果为了控制食量每次都少装一些，又总会感觉苛待自己，暗示这又是吃不饱的一餐，这样也容易导致半途而废。换一个小一号的餐盒，接受减脂餐会轻松很多，每顿把满满一盒饭都吃光，可能反而比原来摄入的热量少。

在选新的餐盒时，还可以顺带解决上一个餐盒没能解决的问题。比如上次放弃带饭，可能是因为菜饭总是容易串味，菜汤把主食泡得口感很差，那这次就选一个分区密封设置的餐盒；如果之前因为密封条太难刷而放弃带饭，那么这次就选一个没有密封条的餐盒，或是准备一个密封条专用小毛刷；如果曾经因为瓶瓶罐罐大盒小盒携带困难而放弃带饭，那么这次就选一款可以分区密封、分隔组合变化可调整的集成餐盒……找一款相对"完美"的餐盒，帮自己摆脱借口，做好准备，让带饭变得更容易坚持。

▶ 欣赏你的食器

可能很多人都有过相似的经历，在看电视时或者在聚会中，因为注意力在别处，没有注意到吃这件事本身，不知不觉吃进了很多东西，更谈不上认真享受吃这件事。让我们把注意力拉回来，认真对待每一餐吧。不是囫囵吞枣地追求饱腹感，而是打开感官，细品食物滋味，沉浸于美好的就餐氛围，欣赏食器与食物搭配带来的美感，认真吃下每一口，细嚼慢咽，拉长食物在口腔中停留的时间，收获更多就餐过程中的愉悦，多点享受，少点进食，因为最终我们需要吃下去的是营养和满足。

无论是带饭用的餐盒还是家里的盘盘碗碗，甚至是刀叉勺筷，都值得用心挑选，人类与自然界最亲密的一刻就是咽下食物的过程，而运送这些食物进入口中的器皿同样意义非凡，且不说食器与人类文明相伴了多久，就当下的每一餐而言，食器都可以变成享受的一部分，并且帮助你控制热量的摄入。

减脂不是件容易的事情，但可能也没有想象中那么难，熟悉一下食物热量占比，调整一下饮食结构，再换换餐具，用这些养眼的餐具装上色香味俱全但热量不高的食物，你的体脂率很可能就此开始下降。🔟

减脂不是件容易的事情，但可能也没有
想象中那么难。　///////////////////

45

别让调味品
成为你减脂路上
的绊脚石

撰文、摄影 / 舒卓　部分图片来源 / 视觉中国

在人类掌握耕作技术之前，食物都取自自然，种类丰富且具有一定的危险性，人类识别出不同的味道，对食物做出判断。后来农耕带来了相对稳定的食物来源，但同时也让食材变得单调乏味，所以人类又重新从大自然中找寻风味的记忆，于是"调味品"被加入饮食之中。对于少数原味爱好者来说，调味品的存在感几乎可以忽略不计，但也有更多人注重香料调和的风味。在减脂的路上，调味品又扮演了什么角色呢？

▶ 看清更好吃和吃更多的矛盾

一说到健康减脂餐，很多人脑海里浮现的都是干涩的鸡胸肉、寡淡的沙拉和难以下咽的粗粮，甚至是不像食物的魔芋——这种组合即使不刻意限定摄入量，也吃不下去多少。甚至有人说，减脂餐做那么难吃，就是为了让人少吃点。但如果对碳水化合物的渴望本就没有得到满足，又不能在其他菜品的口味上得到补偿，导致每顿饭都不开心，就真的很难坚持下去了，再有效的饮食计划也会化作泡影。

纵贯古今，跨越地域，调味都是烹饪的核心技艺之一，东有《吕氏春秋·本味篇》中记载的"调和之事"，西有古罗马酱料食谱的记载，早有宫廷贵族厨师不计成本地投入心力研发调味之道，后有现今可选的无数种简化版的即食调味品。无论饮食风潮和各地风俗如何变迁，人们吃东西时，都无法完全忽略风味只讲功能。调味品像是一把双刃剑，用了它食物更容易好吃，能增加满足感，但同时也会刺激食欲，让人们吃下更多；而不用它，口味难吃，再有效的减脂餐，也难让人坚持。听起来十分矛盾，所以我们需要的是两害取其轻的折中方案。

▶ 让双刃剑变成单刃剑

想在满足感和食量之间寻求平衡，或许可以考虑只在低热量高纤维的食材上增加风味，只要不是特别刺激食欲的调味料，就尽量满足自己在口味上的需求；而热量相对高的食材就减少调味，做得不那么诱人，这样自然很容易"吃够"，而好吃的部分又不至于增加太多热量。

47

比如，主食以需要更多咀嚼的豆类、粗粮为主，而蔬菜和优质蛋白就可以添加调味品做得更加有滋味。盐、糖、来自植物叶茎的香草和来自植物果实的香料，肉类粉末及浓缩肉汁，经过发酵鱼虾而来的鱼露虾酱，经过发酵豆类而得来的豆酱、腐乳和酱油，还有各种压榨而来的基础油以及浸泡过香料的调味油，混合植物调味料以及油脂的各种沙拉酱、调味汁……调味品的庞杂几乎无法用有限篇幅一一列举，只要被冠以"调味品"之名，似乎就不用计入能量摄入，然而真相是很多调味品可能比你的主要食材还包含更多热量，因此在选择时一定要注意调味品本身的热量以及用量，这样才能让调味品这把双刃剑只作用于提升满足感而不增加堆积脂肪的可能。

▶ **从关注调味品带来的热量开始"避坑"**

只看能量表就可以判断在减脂期间应该吃哪种调料或不吃哪种调料吗？我们从一个烹饪爱好者的厨房中随机抽取了如下一些调味品：

* 每 100 毫升或 100 克热量依升序排列				
禾然有机豆瓣酱	96	千焦	≈ 22.93	千卡
凤球唛鱼露调味料	100	千焦	≈ 23.89	千卡
丘比青梅口味沙拉汁	279	千焦	≈ 66.65	千卡
统厨蒜蓉辣酱	282	千焦	≈ 67.37	千卡
金兰油膏	357	千焦	≈ 89.59	千卡
饭爷五百天酿造酱油	493	千焦	≈ 117.78	千卡
亨氏番茄调味酱	512	千焦	≈ 122.32	千卡
花桥腐乳	668	千焦	≈ 159.59	千卡
萨克拉多用途罗勒调味汁	758	千焦	≈ 181.09	千卡
海底捞鲜香味火锅蘸料	795	千焦	≈ 189.93	千卡
水妈妈酸甜梅酱	965	千焦	≈ 230.54	千卡
川崎鲜辣火锅蘸料	1 089	千焦	≈ 260.16	千卡
可达怡意大利风味香辛料	1 276	千焦	≈ 304.84	千卡
卡夫芝士粉	1 976	千焦	≈ 472.07	千卡
老干妈	2 532	千焦	≈ 604.89	千卡
罗伊丽意式油醋汁（树莓味）	2 621	千焦	≈ 626.16	千卡
乐禧瑞方便装蛋黄酱	2 697	千焦	≈ 644.31	千卡
陈麻婆鲜花椒油	3 689	千焦	≈ 881.3	千卡

　　不难发现，快手沙拉常用到的油醋汁、蛋黄酱热量都不低，甚至高过芝士粉和火锅蘸料。但也并不能就此说明吃顿沙拉就比烫青菜蘸火锅蘸料的总热量更多。如果只看能量占比，鲜花椒油的热量是这个清单里的冠军，每100克比蛋黄酱都高出200多千卡，我们常常担心热量过高的含有芝麻酱与花生酱的火锅蘸料的热量是260千卡左右，看起来远低于花椒油的热量。然而，我们用鲜花椒油调味时，只需几滴就能达到浓郁的风味，火锅蘸料却几乎每一口都要裹上一层，一餐火锅下来，一小碗蘸料可能全数进入腹中，这么比起来，同等热量下调味料的"风味效率"可能更值得我们关注。想要避免跳进调味品的坑里，不仅要关注哪些调味品可能是能量炸弹，更要摸索出如何用少一些的热量得到更高的风味效益。

49

▶ 掌握风味效益里的小秘密

肉类、油脂这些东西乍听起来对减脂都不太友好,但它们却能变成风味效益较高的调味品。比如氨基酸和糖的褐变反应可以带来浓郁肉香,还有由于芳香化合物(主要指清香气味的萜烯类、浓郁果实香气的酚类和辛辣化学物质)更容易溶于油,所以以油类浸泡更容易获得浓郁风味而且挥发性较低更易于保存,同时还能优化口感。

另外,植物果实风干带来的香料风味效益会比植物茎叶更高,无论是新鲜的植物茎叶还是干燥后的。烹饪用的花椒、八角一般都是风干果实,而香茅、百里香就是叶片,可风干,可新鲜入菜,香芹、薄荷、香菜是新鲜茎叶,它们所提供的香气更多是清香类的,挥发性更强,保存期也更短。

粗颗粒会比细颗粒的香料粉末更容易储存芳香化合物,细颗粒更容易挥发香气,因此在烹饪过程中,粗颗粒需要早放,细颗粒要在快完成的阶段放,而新鲜的香叶比如芹菜、香菜、迷迭香、百里香、罗勒、薄荷等可以在烹饪最后一步加入。利用这些特性,让调味品最大化地发挥效能,给低热量美食加分。

另外,调味时尽可能利用食物本身的甘甜,减少使用添加糖,比如南瓜可以让燕麦粥变成甜味燕麦粥。以一种主调来凸显一道菜的味道,过于丰富的调味方式容易导致不知不觉中使用了过多调味品,比如麻辣香锅,有些人会使用不止一种酱料来增加香气的层级,但如果改成一道酱香小炒或是一道辣味小炒,同样的酱料就被分散在两餐里。

同时尽量不要让调味品与食材充分融合,否则可能会为了满足口味上的需要吃进更多热量。如果使用的调味品本身热量就比较高,更应放在最显眼的位置以及尽量摊开,增大面积,这样会在视觉上得到更大的满足,但热量并没有增加,细细品味上面有调味品的部分的滋味,延长它们在口中的时间,等吃到下面不那么有味道的部分时,也更容易感觉饱了而提早停止进食。

虽然我们知道完全不用调味品会更容易迅速达到减脂效果,但也会更容易反弹——太难吃导致难坚持,吃一回味道好的东西后反而口味变更重,吃更多。或许真正对我们身心有益的是更加悉心地体会滋味,让自己的口味变得更加挑剔,不去一味追求甜腻的"幼稚"享受,对入口的食物有更高的要求,这样就更容易放下那些不够健康的东西了。🎙

要摸索出如何用少一些的热量得到更高的风味效益。 ////////////////////////

50

51

减少热量负担的调味品使用锦囊

○ 高热量食材轻调味

◉ 低热量食材尽量满足风味

○ 尽量选择单一风味作为调味主调

◉ 尽量让调味品停留在食物表面，
   适度减少搅拌融合

○ 用食材天然的甘甜代替蔗糖调味

◉ 选择风味效率高的调味品——
   用较少热得到更多风味

○ 热量高的调味品尽量放在显眼的
   地方，并且面积尽量摊大

摄影 /yir

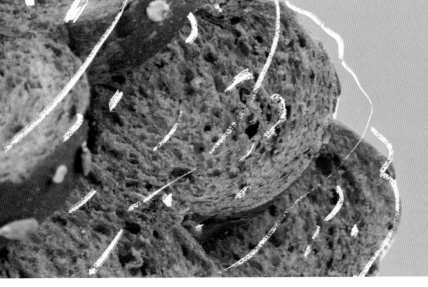

早餐吃得好
才有力气减肥啊！

—— 7个低脂又健康的早餐菜谱

撰文/张婧蕊　摄影/舒卓　插画/NA

一杯热牛奶、一碗麦片或者一个苹果，吃好早餐不仅能帮你唤醒身体，调整状态，还是养成健康饮食习惯的第一步。

除了泡，
还能烤着吃！

香蕉牛奶烤燕麦（配黑咖啡）

///// 能量表 /////

热量
约 **398**
千卡

▶ 食材 （1人份）

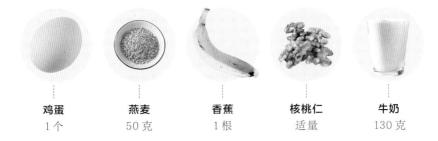

鸡蛋	燕麦	香蕉	核桃仁	牛奶
1个	50克	1根	适量	130克

▶ 步骤

1. 将香蕉一分为二，一半用勺子压成泥，放入烤碗；另一半切片备用。

2. 在烤碗中加入燕麦、牛奶和鸡蛋，并搅拌均匀。

3. 在顶部铺上剩下的香蕉片、核桃仁。将烤碗放入预热好的烤箱，180℃烘烤 15～20分钟即可。

▶ 小贴士

烘烤的温度和时间可以根据自家烤箱调整。如果改变制作分量，相应地也就需要增加或减少烘烤的时间和温度。

烤燕麦的配料表本身比较灵活，可以根据自己的喜好来搭配。比如牛奶可以换成豆奶，香蕉可以换成蓝莓或者其他水果，顶部的核桃仁也可以换成葡萄干。

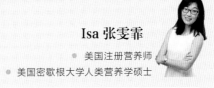

Isa 张雯霏
- 美国注册营养师
- 美国密歇根大学人类营养学硕士

这道烤燕麦的食材都是非常健康的食物，燕麦、香蕉、核桃都富含膳食纤维，鸡蛋牛奶有丰富的蛋白质，核桃又是优质脂肪的来源，这道菜虽然量不大，绝对能给你提供饱腹感。核桃每天吃几个可以补充 Omega-3 不饱和脂肪酸，如果你不喜欢核桃仁外皮的口感和味道，不妨尝试让核桃仁和其他食材充分组合。比如这道烤燕麦里，你还可以把核桃仁掰成小块。虽然没有糖，但食材提供了香甜的味道：来自香蕉中的糖分和牛奶加热后的淡淡甜味。

专家点评

来个 10 分钟搞定的
快手小炒

芦笋虾仁（配鸡蛋羹、一个小南瓜）

///// 能量表 /////

热量
约 424
千卡

56

► **食材** （1人份）

芦笋	虾仁	鸡蛋	牛奶
3~4根	40克	2个	30克

调料

橄榄油 ·· 适量

黑胡椒粉 ·· 2克

盐 ·· 适量

► **步骤**

1. 芦笋切段；虾仁洗净、去虾线，备用。

2. 在碗中打两个鸡蛋，加入盐和牛奶搅拌均匀，盖上保鲜膜上锅蒸10分钟左右（视容器调整）。

3. 锅中热油，放入芦笋段和虾仁，翻炒至变色，加入盐和黑胡椒粉之后再翻炒20秒即可出锅。

Isa 张雯霏

● 美国注册营养师
● 美国密歇根大学人类营养学硕士

加入牛奶可以让蛋羹的口感特别顺滑，一定要试试看。芦笋和虾仁是经典搭配，而且它们都有个特点：熟得快，很适合做快手菜。虾肉是脂肪含量较低的蛋白质来源，适合减肥人士，经常在家备一些速冻虾仁对于忙碌又追求健康的人来说是明智之举。芦笋相比于白菜萝卜，绝对是"高级菜"，深绿色的芦笋富含纤维和维生素，口感也十分丰富。

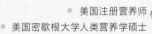

专家点评

全麦面包配一切

超简单的改良英式早餐（配热牛奶）

▶ **食材** （1人份）

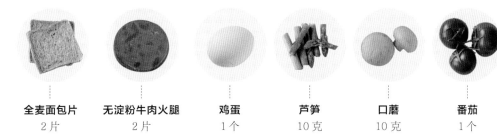

全麦面包片	无淀粉牛肉火腿	鸡蛋	芦笋	口蘑	番茄
2片	2片	1个	10克	10克	1个

调料		
橄榄油	....	适量
黑胡椒粉	....	1克

▶ **步骤**

1. 将芦笋切段、口蘑切片、番茄切大块。涂上适量的橄榄油，再撒上黑胡椒粉调味。放入烤箱以180℃烤15分钟。

2. 锅中倒少许橄榄油，打入一个鸡蛋，煎至喜欢的熟度。剩下的油可以继续煎牛肉火腿，同样煎至自己喜欢的熟度。

3. 将全麦面包一切二，再将上述准备好的食材依次盛入盘中就完成了。

▶ **小贴士**

1 锅底涂油，油热后放鸡蛋

2 蛋液开始凝固后，转小火加入少许清水

3 盖上锅盖焖4～5分钟

4 一颗完美的太阳蛋

Isa 张雯霏

● 美国注册营养师
● 美国密歇根大学人类营养学硕士

很多人对全麦面包有误解，认为"口感粗糙"是全麦面包的特点。之所以有这样的误解，是因为市面上很多所谓的"全麦"面包中，添加了不少的麸皮，加深了颜色，给消费者一种"粗糙感"的假象。但事实上，很多口感粗、颜色深的面包，并不是真正的全麦面包。鉴别全麦面包需要看两点：一是配料表中的全麦粉添加量最好大于50%；二是必须是全麦粉（保留胚芽胚乳的面粉）。

专家点评

浓浓夏威夷风味

菠萝香肠贝果（配南瓜奶昔）

///// 能量表 /////

热量

约 459

千卡

▶ **食材** （1人份）

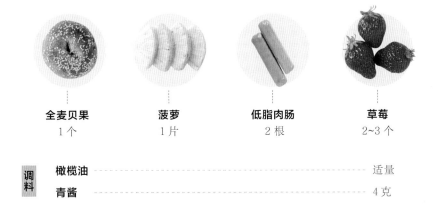

全麦贝果	菠萝	低脂肉肠	草莓
1个	1片	2根	2~3个

调料

橄榄油	适量
青酱	4克

▶ **步骤**

1. 贝果横切成两半，香肠斜刀切小口，涂上适量橄榄油后一起放入烤箱，将烤箱温度设为130℃，烘烤5分钟。

2. 菠萝切小片，草莓切片备用。

3. 在烤好的贝果中涂抹青酱，再搭配肉肠及水果食用。

▶ **小贴士**

如果想要外带食用，可以在贝果外裹上一层保鲜膜之后再切开，这样能让贝果更好地定型，不容易散开。

Isa 张雯霏

● 美国注册营养师
● 美国密歇根大学人类营养学硕士

贝果和面包一样，是个万能搭配，怎么好吃、怎么营养，真的就看个人创意的比拼了。在美国，奶油或奶酪是贝果的标配之一，但这样的搭配对于减肥人士来说不够友好，可以选择少涂或替换成其他喜欢的食材。搭配其实很容易，贝果 + 一份膳食纤维来源（蔬菜水果）+ 一份蛋白质（蛋或肉类、豆制品）就可以成为一道不错的早餐。

专家点评

吃点热乎的才有满足感

番茄龙利鱼荞麦面

///// 能量表 /////

热量
约 **379**
千卡

▶ **食材**

荞麦面	龙利鱼	番茄	小白菜
100 克	50 克	1 个	2 株

<table>
<tr><td rowspan="4">调料</td><td>橄榄油 ···</td><td>适量</td></tr>
<tr><td>番茄酱 ···</td><td>1 勺</td></tr>
<tr><td>料酒 ···</td><td>5 克</td></tr>
<tr><td>花椒粉 ···</td><td>3 克</td></tr>
</table>

▶ **步骤**

1. 将龙利鱼斜刀切片，放入料酒和花椒粉腌制 10 分钟。

2. 番茄切丁，在锅中加入橄榄油后放入，炒软后加一勺番茄酱继续翻炒 30 秒，加入适量的水，没过番茄丁即可。

3. 待水烧开之后加入荞麦面、龙利鱼片以及小白菜，再加入适量清水煮沸之后，即可装碗食用。

Isa 张雯霏

● 美国注册营养师
● 美国密歇根大学人类营养学硕士

龙利鱼有很多优点，少刺、脂肪少、价格不贵，还有就是鱼肉本身没什么味道，容易调味，是很棒的蛋白质选择。和鸡胸肉一样，是减肥人士的好伙伴。荞麦面的升糖指数低，这个选择也很不错。不过，不论是荞麦面或其他杂粮面，面类食物容易一次做多吃多，所以在烹饪时一定要心里有数。健康的主食搭配健康的蛋白质，蔬菜看心情和条件随意搭配两三个颜色，又是健康的一餐饭。

专家点评

64

绵密丝滑好口感

蟹柳土豆泥沙拉（配溏心蛋）

///// 能量表 /////

热量
约 **318** 千卡

▶ **食材** （1 人份）

土豆	蟹柳	黄瓜	无糖酸奶
1 个	3 根	10 克	1 杯

调料　**黑胡椒粉** ---------------------------------- 2 克

▶ **步骤**

 65

1. 土豆去皮放入碗中，盖一层保鲜膜并留一个小口，用微波炉高火加热 5~6 分钟。

2. 黄瓜洗净切丁，蟹柳切丝，分别过热水焯 15 秒，备用。

3. 将热好的土豆碾成泥，加入黑胡椒粉、无糖酸奶，搅拌均匀。

4. 将搅拌好的土豆泥装盘，放上黄瓜丁、蟹柳丝即可食用。

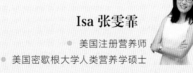

Isa 张雯霏

● 美国注册营养师
● 美国密歇根大学人类营养学硕士

可能很多人不知道，土豆的维生素 C 含量其实挺高的，只要不做成薯片、薯条等油炸食品，土豆可以是一种挺健康的碳水化合物、膳食纤维和维生素来源。蟹柳含有优质蛋白，而优质蛋白和维生素 C 搭配到一起，就凑齐了胶原蛋白合成的物质条件，再加上黄瓜中的膳食纤维，这样的组合不仅味道好，对皮肤也是很友好的。

专家点评

填装好一天的能量

鹰嘴豆牛油果沙拉（配即食鱼肉面）

///// 能量表 /////

热量
约 **412**
千卡

▶ **食材** （1人份）

鹰嘴豆	牛油果	羽衣甘蓝	圣女果	蓝莓
50克	半个	5～6片	6～7个	6～7个

调料

油醋汁	5克
柠檬汁	2克
黑胡椒粉	2克

▶ **步骤**

1.鹰嘴豆洗净之后,在水中泡6～8个小时。

2.将泡好的鹰嘴豆放入锅中加水煮30分钟,将煮好的鹰嘴豆捞出,滤干水备用。

3.牛油果果肉切块,圣女果对半切开,羽衣甘蓝撕成小片,备用。

4.将上述食材全部倒入一个碗中,加入油醋汁、柠檬汁和黑胡椒粉,搅拌均匀即可。

▶ **小贴士**

如果觉得泡鹰嘴豆太麻烦,也可以用即食的鹰嘴豆罐头代替。

Isa 张雯霏

● 美国注册营养师
● 美国密歇根大学人类营养学硕士

鹰嘴豆在我们的生活中越来越常见了,它的热量、碳水化合物和蛋白质含量都不低,一把豆子不会让你发胖,但也绝对足够扛饿。羽衣甘蓝是少有的有一定蛋白质的蔬菜,如果觉得口感太硬,可以选择羽衣甘蓝的幼苗搭配沙拉。

专家点评

便当知道你有多努力！——两周便当不重样计划

撰文／张婧蕊　摄影／舒卓　部分图片来源／视觉中国

在控制饮食时期，没有什么能比自己亲手制作的食物更让人感到安心了。我们准备了 10 个简单又美味的便当食谱，减脂餐远不只有鸡胸肉和水煮菜，希望能给你的每日便当带来一点灵感。

第 *1* 周

▶ **香煎三文鱼 十 西葫芦炒蛋 十 口蘑芦笋 十 糙米饭**

热量
约**563**
千卡

用料 （1人份）

糙米 + 大米	100 克
三文鱼	80 克
鸡蛋	1 个
西葫芦	10 克
洋葱	10 克
口蘑	20 克
芦笋	50 克

调料

橄榄油	适量
生抽	适量
黑胡椒粉	2 克
盐	适量
大蒜	1 瓣

操作步骤

- 将糙米和大米按照自己喜欢的比例混合，洗净之后放入电饭煲蒸熟。

- 将盐和黑胡椒粉均匀涂抹在三文鱼的表面，腌制 15 分钟；锅中倒入橄榄油，将腌制好的三文鱼用小火煎熟。

- 口蘑切片、芦笋切段、西葫芦切丝、洋葱切丝后备用。

- 在锅中倒入少许橄榄油，鸡蛋加盐打散，待油热后倒入鸡蛋，翻炒至蛋液凝固之后加入西葫芦丝、洋葱丝和适量生抽，再炒 1 分钟即可。

- 在锅中倒入少许橄榄油，大蒜切片，待油热后放入锅中炒香。再加入口蘑片和芦笋段炒熟，出锅前可加少量的盐调味。

70

▶ 黑胡椒鸡胸三明治 ＋ 生黄瓜 ＋ 圣女果

热量
约 **432** 千卡

71

用料 （1人份）

全麦面包片	2 片
鸡胸肉	100 克
黄瓜	1 根
番茄	半个
圣女果	6 ~ 7 个

调料

料酒	5 克
酱油	5 克
黑胡椒粉	2 克
橄榄油	适量

操作步骤

- ⬤ 从侧面将鸡胸肉分成两片薄片，再将分好的鸡胸肉放入保鲜袋并依次倒入酱油、料酒以及黑胡椒粉，搅拌均匀后腌制 15 ~ 20 分钟。

- ○ 在腌制鸡胸肉期间，将黄瓜和番茄洗净，切成片状备用。

- ⬤ 在锅中倒入少许橄榄油，待油热后放入腌制好的鸡胸肉，煎至两面金黄即可出锅。

- ○ 准备一片全麦面包，然后依次在面包片上放上黄瓜片、番茄片以及煎好的鸡胸肉，最后再盖上一片全麦面包。轻轻压实，沿对角线切开。

小贴士

多出来的黄瓜可以切成条状直接和圣女果一起放入便当盒，当作下午的加餐。

▶ 白灼虾 ＋ 凉拌黄瓜花 ＋ 紫薯玉米

热量
约 **353**
千卡

用料 （1人份）

紫薯	80克
玉米粒	20克
海虾	100克
黄瓜花	50克

调料

香油	3克
黑胡椒粉	2克
盐	适量
姜	两片
小葱	两根

操作步骤

- 将紫薯切块，与玉米粒一起上锅蒸15分钟。
- 海虾洗净，去虾线，黄瓜花洗净备用。
- 锅中加水并放入姜片和葱结，待水烧开之后加入海虾煮5～6分钟即可出锅。
- 将之前洗净的黄瓜花焯水后捞出，加入香油、黑胡椒粉和盐搅拌均匀即可。

72

▶ **烤鸡腿肉 ＋ 三色蔬菜丁 ＋ 番茄螺丝意面**

热量
约 **404** 千卡

用料 （1人份）

螺丝意面	80克
鸡腿肉	50克
番茄	100克
豌豆	10克
胡萝卜丁	10克
玉米粒	10克

调料

橄榄油	适量
番茄酱	5克
罗勒叶碎	2克
盐	适量
生抽	2克

73

操作步骤

⬤ 鸡腿肉去皮切片，再涂上适量橄榄油、盐，放入烤箱以210℃烤10分钟。

○ 取锅烧水，等水烧开后在锅里放一点盐，下螺丝意面煮10分钟后捞出。

⬤ 在锅中倒入适量橄榄油，将番茄切丁，在锅中炒软后加番茄酱、螺丝意面继续翻炒，待番茄酱汁和意面充分混合后可撒上适量罗勒叶碎提味。

○ 在锅中倒入适量橄榄油，待油热后加入豌豆粒翻炒至表皮微微皱起，此时加入胡萝卜丁、玉米粒和生抽，翻炒均匀即可出锅。

▶ **烤牛排十油醋沙拉十煎薯角**

热量
约**449**
千卡

74

用料　（1 人份）

土豆 ——————— 100 克
牛排 ——————— 150 克
混合蔬菜（生菜 + 玉米笋
+ 芝麻菜 + 羽衣甘蓝 +
圣女果 ）——————— 200 克

调料

橄榄油 ——————— 适量
油醋汁 ——————— 5 克
黑胡椒粉 ——————— 3 克
盐 ——————— 适量
欧芹碎 ——————— 适量

操作步骤

◉ 用厨房纸吸干牛排表面的水分，
　然后均匀涂抹上黑胡椒粉、盐和
　橄榄油。放入烤箱，以 220℃ 烤
　15 ~ 20 分钟。

○ 土豆洗净后去皮切块，放入微波炉，
　以高火热 5 分钟后取出。

◉ 在锅中倒入适量橄榄油，待油热后
　用中火煎热好的土豆块，煎至两面
　金黄，撒上适量欧芹碎即可出锅。

○ 将准备好的混合蔬菜切成合适的
　大小，倒入油醋汁搅拌均匀。

75

第 2 周

热量
约**490**
千卡

用料 （1人份）

芋头	80 克
鸡胸肉	100 克
豆腐皮	1 张
胡萝卜	30 克
芹菜	30 克
贝柱	30 克
木耳	2 ~ 3 朵
玉米粒	10 克
枸杞	5 克

调料

橄榄油	适量
番茄酱	5 克
盐	适量
大蒜	1 瓣

操作步骤

- 芋头洗净去皮后切块，和玉米粒一起上锅蒸 15 ~ 20 分钟。
- 起锅烧水煮鸡胸肉，煮熟之后捞出，放在旁边放凉；豆腐皮、胡萝卜切丝，过水焯 1 ~ 2 分钟。
- 将放凉之后的鸡胸肉手撕成细丝，和豆腐皮丝、胡萝卜丝搅拌均匀，撒上适量的番茄酱。
- 贝柱洗净，芹菜、木耳切丁，大蒜切片后备用。
- 锅中倒入橄榄油和蒜片炒香，加入切好的芹菜丁、贝柱、木耳丁和枸杞继续翻炒，出锅前可加少许盐调味。

▶ 香煎龙利鱼 ＋ 香干炒四季豆 ＋ 紫米饭 ＋ 蒸南瓜

热量
约 **463** 千卡

用料 （1人份）

紫米＋大米	80克
南瓜	20克
龙利鱼	100克
豆干	30克
四季豆	30克
胡萝卜	10克

调料

橄榄油	适量
料酒	10克
生抽	适量
盐	适量
姜丝	少许
小葱	少许

操作步骤

○ 将紫米和大米按照自己喜欢的比例混合，将南瓜切块放在最上层和米一起放入电饭煲蒸熟。

◐ 将龙利鱼表面的水分擦干后放入碗中，加入料酒、盐、姜丝和小葱腌制15分钟；豆干、四季豆、胡萝卜切丝备用。

○ 在锅中倒入适量橄榄油，将腌制好的龙利鱼上锅煎5~6分钟，出锅后淋上适量生抽即可。

◐ 在锅中倒入适量橄榄油，待油热后加入豆干丝、四季豆丝和胡萝卜丝翻炒1~2分钟，加入适量生抽和盐继续翻炒均匀后即可出锅。

77

热量
约 **509**
千卡

78

用料 （1人份）

糙米＋大米	100克
牛里脊	80克
黄椒	30克
红椒	30克
洋葱	10克
黄瓜	50克
熟黑芝麻	适量

调料

橄榄油	适量
料酒	5克
老抽	5克
生抽	5克
蚝油	5克
黑胡椒粉	2克

操作步骤

● 将糙米和大米按照自己喜欢的比例混合，洗净之后放入电饭煲蒸熟，出锅后撒上熟黑芝麻即可。

○ 牛肉切丝，加入料酒和老抽搅拌均匀，腌制20分钟。

● 黄椒、红椒和洋葱切块备用，黄瓜切块直接装盒。

○ 在锅中倒入适量橄榄油，待油热后下牛肉丝翻炒至变色，再加入黄椒丝、红椒丝、蚝油、生抽和黑胡椒粉，快速翻炒1分钟即可出锅。

▶ **杏鲍菇炒鸡腿肉＋海米萝卜丁＋南瓜紫米饭**　　　　　　　

热量
约 **533**
千卡

用料 （1人份）

紫米＋南瓜块	100 克
鸡腿肉	80 克
杏鲍菇	40 克
白萝卜	40 克
海米	10 克

调料

橄榄油	适量
蚝油	5 克
盐	适量
豆豉	适量
大蒜	1 瓣
香草（薄荷或九层塔）	少许

操作步骤

- 南瓜切小块，与紫米一起洗净后放入电饭煲蒸熟。
- 杏鲍菇切片，大蒜切片，鸡腿肉去皮，切成薄片备用。
- 锅中倒油将蒜片炒香，倒入鸡肉片和杏鲍菇片炒 2 分钟，加入蚝油翻炒均匀再撒上香草调味即可。
- 白萝卜切丁。在锅中倒入适量橄榄油，待油热后，加入白萝卜丁和适量的盐翻炒 2 分钟，再加入海米和豆豉炒熟即可。

79

热量
约 **441** 千卡

用料 （1人份）

荞麦面	100克
鸡胸肉	30克
鸡蛋	1个
洋葱	20克
秋葵	20克
香菇	30克
熟白芝麻	适量

调料

橄榄油	适量
味淋	5克
（可以料酒替代）	
盐	适量

操作步骤

◉ 锅内加水将荞麦面煮熟后捞出备用。

○ 鸡胸肉、洋葱、秋葵、香菇全都切小片，在锅中倒入适量橄榄油，待油热后将上述材料炒熟后下荞麦面和味淋、盐，继续翻炒1～2分钟，撒上适量熟白芝麻即可出锅。

◉ 将鸡蛋在碗中打匀。在锅底涂上薄薄一层橄榄油，开小火倒入蛋液，等蛋液凝固后，用锅铲从蛋饼边缘慢慢往上卷。

○ 等玉子烧定型之后即可切小段装盘。

专家点评

田雪

中国注册营养师

用 211 饮食法，努力推动健康
的生活方式更正确地流行起来。

很多人的"健康生活"是从西蓝花、鸡胸肉、糙米饭开始的，再搭配上些原始形态
的黄瓜、番茄、胡萝卜，这让很多热爱美食的人对"健康饮食"望而却步。可如此单
调乏味还真不是健康饮食该有的样子，不但无法满足味蕾，也无法满足身体复杂的
营养需求。

这些搭配得健康又赏心悦目的便当，就像是生活送给我们的礼物，让人身心愉悦。
如何才能做出这样的"健康美食"？除了参照文中食谱，还有一套方法可以参考学习，
帮你亲手创造出更多元化的美味健康便当。方法很简单，每一餐要有 2 个拳头大小
的蔬菜、1 个拳头大小的主食、1 个拳头大小的高蛋白食物，我把这个模型叫作 211
饮食法。以便当来说，就是 1/2 的空间给蔬菜，1/4 给主食，另外 1/4 给高蛋白食物。
蔬菜，记得搭配得五颜六色，还要避免过度烹饪；主食，杂粮杂豆、根茎薯类至少占到
日常饮食的 50%；高蛋白食物，分鱼肉蛋奶豆五大类，每次任选 1 ~ 2 种即可。

当然了，三类食物并不需要划分清晰的空间，我们可以灵活混搭烹饪。蔬菜炒肉片再搭
配一份杂粮饭就可以，做成一份蔬菜瘦肉丝炒饭也完全没问题。

每一种食物都是平凡的，但当这些平凡的食物以合理的比例搭配起来的时候，就获
得了让人更健康的力量，健康和美味从来都可以并行不悖。"健康饮食"不应该是个
特殊的口号，而本来就该是美味的三餐日常。

好吃你就少吃点

——家常减脂餐的六招鲜

撰文、摄影 / 舒卓

边吃边瘦的好方法，需要以可持续性和身心健康为前提，少吃一点但要好吃一点很重要。其实我们缺乏的往往不是行动力，而是一点灵感。高蛋白低脂肪、不寡淡的蔬菜、低升糖指数的主食，每一类听起来难度系数都不低，实际操作起来，可能只需要多做一点点尝试，就能打开一扇通往新"吃界"的大门。

▶ 不寡淡的蔬菜·干货海味来提鲜

干货浓缩了风味，在水、油或高温中会释放出数倍于鲜货的鲜美。虾皮、海米、贝柱、小银鱼等干货短时间泡发沥干后就可以使用。泡发时间可以根据食材大小、需要的口感和咸淡来调整。泡发可以减少干货海味中的亚硝酸盐含量，同时去除多余的盐分方便后期调味，炒、炖、凉拌皆可。

比如小银鱼拌萝卜，大小适中的小银鱼干泡发 3 ~ 5 分钟，沥水少油干煸 3 分钟即可拌入切好的萝卜中，加入盐和几滴香油、花椒油或辣椒油、鱼露调味即可完成一道美味。萝卜属于十字花科蔬菜，营养价值较高，辛辣中带有甘甜，中和海味的鲜腥，相得益彰。冬瓜也很适合搭配海味，贝柱煲冬瓜、海米炒冬瓜，都是低脂低热量的理想减脂菜品。另外腌制类海味也很适合搭配蔬菜，比如豆豉鲮鱼莜麦菜，但由于常用的豆豉鲮鱼罐头中的豆豉鲮鱼是过油加工再灌装的，热量较高，所以不如用豆豉加上干货海味来替代。

▶ **不寡淡的蔬菜·增色与增味**

烹饪讲究色香味俱全, 绿色食物看起来清爽, 但全盘绿色也容易降低食用乐趣, 冰箱里常备一些相对易于储存的彩色配菜是解决这个问题的捷径。比如彩椒、胡萝卜、洋葱、小西红柿等, 它们颜色本身就从一定程度上代表了不同的营养价值, 与绿色蔬菜搭配不但赏心悦目, 同时也增加了不同营养素的摄入量。

除了这些颜色鲜艳的食物, 还有一类容易让人感觉满足的颜色, 那就是浓油赤酱的棕色系, 这种颜色常常意味着味道浓郁。酱油、豆瓣酱、腐乳、蚝油、辣椒酱、芝麻酱等等都可以拯救寡淡无味的蔬菜, 但这一众酱味之中, 干豆豉具有明显的风味效益优势, 炒菜时干豆豉遇油就会被激发出独特的豆豉香, 同时避免了其他酱香类调味料中的糖分和过高的盐分, 同时也没有更多的油。另外相对于辣椒酱这类带有辛辣味的酱料, 干豆豉也不容易过度刺激食欲导致过量进食。

85

▶ 高蛋白低脂肪·没有肉却比肉香

追求高蛋白低脂肪，绝对不止"白煮鸡胸肉"这一招，至少对于东方人来说，一定不能忘了豆腐。虽然豆制品不是万能的优质蛋白，但在高蛋白低脂肪的这个标准下绝对是优选。豆腐的做法千千万，它本身虽然低脂，但在和肉比香的烹饪过程中，常常因为加入过量油脂而失去了原本的绝对优势，这种烹饪方式做出来的菜品最典型的就是麻婆豆腐。鸡蛋也是种高蛋白食材，相对于很多肉类，在脂肪含量上也有绝对优势，但想要炒得香，也需要不少油来帮忙。

但当鸡蛋和豆腐这两种高蛋白食材在一起时，却能省出不少油脂且依然足够"香"，这种做法还有个通俗形象的名字：金包银。每年春天，这道菜还可以邂逅额外的美味机遇，那就是极适合搭配鸡蛋也极适合搭配豆腐的香椿。一小把香椿的加入，让这道菜香上加香，口齿间被塞满春天的美好。如果想让这份美味多保存一段时间，也可以将香椿腌制起来，或直接购买香椿酱。

▶ 高蛋白低脂肪·满满一盘蛋白质也不会腻

会吃的民族都很善于运用高汤，高汤的神奇之处不单单是香，而且香得有层次，能够层层递进，能够回味无穷。熬制真正的高汤从来都不是一件容易的事，中式高汤虽然不像法式高汤需要那么多时间和精力，但它们同样都遵循一个铁一般的原则，那就是熬取不止一种肉类的鲜美。现代人自己下厨难有这样的心力，但可以用同样的思路去烹饪一顿高蛋白低脂肪的简易大餐。

海鲜、菌类、少许红肉，构成满满一盘蛋白质，口感丰富，相互渗入鲜香风味，拉开味觉体验上的层次。当然这样简单粗暴的搭配方式，无法在短短的炒制时间内达到高度融合的醇厚香浓，但同样也有简单粗暴的方法帮助融合：增加一个调味基调以统合鲜、腥、膻、腻，比如冬阴功酱。冬阴功酱不只适合汤品，也可以提升炒菜的调味效率，一点点冬阴功酱增加不了太多热量，却能大大提升菜品口味。同理的调味方法还有火锅底料，但需要注意使用量上要控制得当。

▶ 低升糖指数的主食·五谷杂粮保平安

大多数人都觉得精米白面好吃，也容易变化加工，但这除了是食材本身的特性给人的印象之外，也有一部分观念和习惯上的原因。在物资匮乏的时代，精米白面是相对珍贵的主食食材，且口感细腻，所以在饮食观念中被习惯性地定义为"好吃"的。

但"好吃"不仅是个相对的概念，同时也是个很个人化的判断，在很容易满足生命活动所需热量的现在，口腔是否还需要执着留恋麦芽糖带来的回甘？越早接受健康饮食观念的人，越不甘于这点原始单调的享受，转而追求古朴的粮食作物带来的丰富口感和多种滋味，回甘也有，但多出了更多咀嚼乐趣。根茎类作物、各种谷物包括粗加工的米，还有不同的豆类都是主食的好选择。精米白面好吃，但只是众多好吃食材中的一类，而且在健康方面没有那么大优势，尤其不利于减脂。除非是有咀嚼和消化问题的特殊人群，一般人大可以把精米白面变成多种主食选项中的一种。

▶ 低升糖指数的主食·加工食品也可以是好食品

早早被健康饮食观念成功"洗脑"的人，很容易对加工食品避而远之，逛超市时根本不看那些区域，因此错过不少好食材。其实有减脂需要的人更要留意一些新型主食，有些浅加工主食，反而比很多传统主食更容易控糖控脂，比如海藻面、魔芋面、荞麦面，甚至是鱼肉面。同样都是面，但是热量负担很低甚至近乎为零，还有杂粮煎饼、面筋、即食健康粥等等很多选择。

选择加工食品时，不要只看包装上的营销字眼，养成多看一眼配料表的习惯更是对自己负责。另外，五谷杂粮除了直接蒸煮，也适用于多种加工方法，比如和牛奶鸡蛋的搭配，简单调味后烤制也很美味。想让加工粗粮更为成型,可以选择根茎类蔬菜或者南瓜，蒸熟后压泥的效果常常可以替代面粉，或是用燕麦增加黏稠度。选择本身甜度稍大的根茎作物,也可以替代添加糖让味道更为丰富，适口性更好。🔲

89

慢慢减，比较快

撰文及图片 /Sunny_Kreglo　编辑 / 张婧蕊

倒回 10 年前的夏末，那时我又开始了无数次减肥中的又一次。
但没想到 10 年后，健康饮食和运动不知不觉中成为我生活中非常重要的组成部分。

Sunny_Kreglo

健身美食专栏作者，自由撰稿人，
曾为《饮食科学》杂志美食专栏供稿，
资深美食达人，健身达人。
微博 ID/ 公众号: Sunny_Kreglo

▶ 一次简单跳操
开启了减脂的新大门

从青春期开始,以至后来的十几年里,我一直因为"被别人说胖""夏天来了""穿不下喜欢的裤子""同学减肥变好看了"等,反反复复地开始减肥。每次都是头几天很热血,信誓旦旦地说要脱胎换骨,然而坚持不了几天就放弃,反复折腾,越减越胖,越减越虚。

我从小是体育困难户,不爱运动只喜欢吃,加上后来经常使用电脑,长时间坐着,身体越来越虚弱,但我也没有太重视。

2010 年,表姐拿出一张免费健身月卡,叫我一起去跳操。没想到,这次偶然的尝试成为我日后整个生活发生变化的一个重要契机。当时我处于一种非常随意的运动状态,有时间就去玩一下而已。饮食上还是家里人吃什么我就吃什么,整个饮食结构没有太突然的改变,最多是注意不喝甜饮料,每天吃个鸡蛋。持续了一年半左右,体重虽没有降很多,但所有见到我的人都说我瘦了,我自己也感觉裤子松了不少。

现在想想,正是因为这种轻松无骤变的状态,让我不会有明显的压力感,我才在不知不觉中坚持下来,也更容易地过渡到了后来的健康饮食状态。

▶ "走火入魔"的三年

2012年我搬到美国，有了更多独立自主的时间研究健身和做饭，这也是我做健康餐的重要转折点。

随着运动兴趣加深，我也对体形有了更高的期待。尤其是在自学了一些简单的营养知识后，觉得以前太不注意饮食了。加上自己学做饭后，被传统烹饪需要用到的大量糖油吓到，我发现传统的做饭方法并不适合我，于是开始琢磨怎么能做出好吃又不容易让人发胖的饭。在这个过程中，我对运动和做健康餐越来越着迷。

在自己开始做饭的初期我并没限制任何健康食材和营养素，可以说是"蜜月期"，吃自己做的饭再配合运动，变瘦的进度更快。初尝运动配合减脂餐的甜头的我，总想变得更精瘦。但任何方法都是初期效果明显，身体随之会适应并进入平台期，导致人们会用更极端的方式来达到减脂目的。

2012—2015年，受网络健身风潮的影响，加上缺乏科学的指导，我当时不懂好身材不等于健康，只是一心想变瘦，并没有分辨哪种方法健康、哪种不健康的能力。

我试过大部分流行的减脂方法，比如原始人饮食法、低碳水饮食法、生酮饮食法等。这些方法之所以流行，因为它们短时间内可以让人掉体重，早上醒得早，人会误以为这是更有精力的表现，但其实并不完全是这样。总之凡是流行的饮食法都是正反馈强烈，短期效果明显，但无法被长期坚持。

到后来我才发现，这些不健康的减脂方法都有一个特点，就是完全排除某类营养素或食材，到最后路越走越窄，在吃上越来越钻牛角尖，以为自己在好好吃饭，其实只是变相节食。我那时也一样，当减脂效果不明显时，并没有从整体量化和规划饮食与运动计划，只是简单地下意识少吃。

从一开始少吃主食，到只吃豆子根茎类食物，到最后不吃任何碳水化合物；从不吃肥肉，到不吃红肉，然后到不吃鸡腿，只吃鸡胸肉和虾，到最后几乎吃素；从炒菜完全不放油，到不吃全脂奶制品，到不吃坚果，到最后只靠鸡胸里本身的脂肪维持脂肪摄入；蔬菜不限量，越吃越多，肚子撑得大大的，本来胃很健康的我，开始经常胀气、打嗝儿、放臭屁。

把本应滋养身体的食物当成敌人，比如完全拒绝主食、脂肪等，违背身体生长的自然规律，自然会受到身体的"报复"。

现在总结起来，那三年里最初的阶段还是合理的，后来没掌握好平衡，越来越失衡，但把能走的弯路都走了，就更能从全局角度理解减脂餐这事了。

▶ 摆正心态
收获新的自己

错误不可怕，恰恰是最好的学习机会。2015 年下半年我痛定思痛，复盘自己前几年存在的问题，带着问题重新踏实下来学习营养学、运动营养学、运动生理学、运动解剖学、心理学等知识，重新规划饮食结构和运动计划，经过一年多，到 2017 年回到了正轨。

其间经历了复胖、饮食失调、运动能力下降等问题，这段时间是每个有同样经历的朋友公认最难熬的时间，虽然困难但我仍然没放弃，我相信只要有科学的指导方法，一定可以健康瘦下来的。

现在算是我的减肥成熟期，经历了多次蜕变后，不仅从身体，更从精神上变得强大。恢复期的复胖也是暂时的，现在我不仅恢复了身材，而且比原来更匀称，既不是肿胀的胖，也不是瘦到皮包骨头，运动能力更是再一次提升。

这些年里，我一直在网上持续记录分享减肥各阶段的心得和食谱，慢慢地遇到了很多有同样经历和困难的厨友。

从大家的反馈中得知，我的分享在不经意间帮助了他们，通过读我的文字和跟着做餐食，他们的生活发生了积极变化。这种人与人之间真实的连接感，让我从心底感到充实和快乐，也是我持续分享食谱的动力。我希望更多人能体会到原来减脂不必饿肚子，减脂餐同样可以很好吃，并能享受健康生活的乐趣。

93

▶ **Sunny 的一周饮食自检单**

总体原则是热量适中,营养素齐全,食材种类多样化。

· 主食粗细搭配 ·

早餐和加餐的主食类可以选单一一种,比如燕麦、全麦面包等,用少量水果替换部分主食,比如 50 克燕麦片 +50 克苹果。

午餐和晚餐主食注意粗细搭配,比如白米饭 / 面食 + 薯芋食物 / 豆类。比例参考:45 克大米 +100 克芋头 /80 克土豆 /35 克绿豆。

这样可以做到食材互补,既可以补充身体需要的营养素,又不会因为吃多了粗粮而胀气。

· 肉类混搭 ·

一周中可以在不运动的休息日有一天蛋奶素(以蛋和奶作为蛋白质 / 脂肪来源,非必须);剩下 6 天以鸡肉为主,其中可以选 2 天中的某一餐吃红肉、某一餐吃虾贝类,比如午餐是瘦牛肉,晚餐可以吃虾,因为红肉中脂肪相对较多,虾脂肪含量很低,二者可以在全天的脂肪摄入上起到互补作用;选 1 ~ 2 天中的一餐吃鱼。

贫血的女生注意一周吃 1 ~ 2 次内脏,比如鸡肝、猪肝等,每次吃 30 ~ 50 克。

· 蔬菜适量且多样 ·

每天至少吃一次深绿色叶子菜 + 菌类,其他(如西红柿、甜椒、十字花科类蔬菜等)可以根据当天情况选吃。一周吃 1 ~ 2 次藻类,如紫菜、海带、裙带菜、羊栖菜等。

注意,不要只吃大量粗纤维的蔬菜占肚子。那不是我们需要的饱腹感,长期下去食欲无法得到满足,核心肌群越来越松,肠胃消化功能变弱(如晚上肚子明显鼓胀等)。

· 水果颜色丰富 ·

每天至少吃一种水果,两种尤佳。但要注意总量,如 1 小根香蕉 +1 个小苹果。

除了常见的苹果、梨外,多注意吃其他种类水果,比如柑橘类、猕猴桃、草莓、蓝莓、木瓜、杧果等,尽量做到种类丰富。

· 蛋奶制品 ·

每天至少吃一个全鸡蛋。

每天有奶制品摄入,如普通酸奶、希腊酸奶、牛奶、奶酪等。

注:

· 举例以日常活动量偏少、长时间坐办公室的青年女性的平均热量需求为参考。每个人可根据个人需要灵活调整，千万不要因为自己比举例中的参考量吃得多或少就有心理负担，从而怀疑自己。

· 举例中的食材重量都为生重。

以上就是适合初中级减脂人群的日常自检单，大家不妨对照着自我检查一下。

只要基本做到就好，当然可以根据自己的情况灵活调整。如果偶尔出于某种原因做不到这么全面，不要有精神负担。减脂计划不会因为你的几次偏离轨道就全面崩盘，重要的是你长期处于一个平衡状态中。

最后，我 10 年来最大的感悟就是：健康减脂没有所谓的捷径，不走捷径就是捷径，慢慢减，比较快。

① 香蕉泥花生酱三明治

　　我把非常受厨友欢迎的，简单又好吃的香蕉泥花生酱三明治放在第一个，这个食谱特别适合忙碌的学生党和上班族。

　　全麦面包、香蕉、花生酱都是营养小宝藏，包含身体正常运转必需的营养素，对调节各项激素水平都有帮助，有效减少在减脂时因为摄入热量低于消耗热量而出现食欲大增甚至暴食的情况。

96

用料

全麦面包 ·······························	1~2 片
无盐无糖花生酱 ·························	10 克
熟香蕉（中等大小）·····················	1/2 根
粗海盐 ·································	适量
肉桂粉（选用）·························	适量
葡萄干（选用）·························	5~10 粒

步骤

吃法 1 面包用微波炉加热 15 秒后，依次在面包上抹匀花生酱、香蕉泥、粗海盐、肉桂粉（没有可省略）。肉桂粉有提高胰岛素敏感性的作用，可以帮助碳水化合物进入肌肉组织充当燃料。

吃法 2 面包加热后，先抹匀花生酱，再把整条香蕉竖着剖成两半，铺在花生酱上，撒几粒葡萄干。

吃法 3 面包 + 花生酱 + 香蕉泥 + 枫糖浆（蜂蜜）。

吃法 4 面包 + 花生酱 + 香蕉 + 黑巧克力豆。

好吃的关键

香蕉成熟度直接决定好吃程度。用图中这种布满黑点的香蕉（但香蕉肉不黑）最好，熟到用勺子一压就轻松成细腻的泥状。最好的状态是，香蕉泥用勺子背抹到能和花生酱融合在一起。如果是没熟透的比较结实的香蕉切片，味道会逊色很多。

保存

建议现吃现做，剩下的裹上保鲜膜冷藏可保存 1~2 天，吃时微波炉加热即可。注意，加热后香蕉变黑是正常现象，可以食用。

小贴士

· 面包可以用微波炉加热（软的口感），也可以用烤箱加热（脆的口感）。

· 花生酱抹不开的话，可以用微波炉加热 10 秒左右。

· 用热花生酱搭配冰箱里的凉香蕉泥，也非常好吃。

· 可用一片面包做开放三明治吃，也可用两片面包夹着吃。

② 安东鸡

安东鸡（韩式红烧鸡），一道全家人都会爱的健康减脂餐，"好吃得不像减脂餐"是厨友对这道菜最多的评价。

用料

鸡胸肉 ··· 2 整块

油 ··· 适量

海盐 ·· 1.25 克

黑胡椒粉 ··· 2.5 克

胡萝卜 ······································· 1 ～ 2 小根

土豆 ·· 1 个

紫洋葱 ··· 1/2 个

红辣椒（选用）1 ～ 2 小根（看个人喜辣程度）

香菇 ··· 4 ～ 6 个

蒜 ··· 3 大瓣

酱油 ····································· 15 ～ 45 毫升

味淋或料酒 ······································ 30 毫升

鱼露 ······················· 几滴（鱼露咸，别加多了）

韩式辣酱 ········· 15 毫升（看个人喜辣程度）

蜂蜜或黑糖姜 ····························· 30 毫升 / 克

姜末 ··· 5 克

香油 ··· 5 ～ 10 毫升

小葱 ·· 1 根

熟白芝麻 ··· 适量

豆腐丝 ··· 适量

步骤

① 提前 30 分钟用凉水泡上豆腐丝；与肉的纹理呈 45 度下刀，将鸡胸肉切成 1 厘米见方的小块，均匀抹好盐和黑胡椒粉，盖保鲜膜，室温下腌 15 分钟。洋葱切丝。

② 锅热后放一点油，放洋葱丝，不要翻面炒，煎 3 ～ 4 分钟到洋葱底部变色；然后翻一面，放入蒜片、辣椒，继续煎，煎到洋葱透明焦化。

③ 煎洋葱时，在小碗中混合酱油、味淋 / 料酒、鱼露、辣酱、蜂蜜、姜末、香油备用。

④ 把洋葱拔到一边，放入鸡肉，也不要翻动，直到煎到鸡肉底部变色再翻面，鸡肉全部变色后，倒入步骤③调好的汁，炒匀。

⑤ 放入胡萝卜、土豆、香菇，炒匀，加 1 杯水（如果一会煮的豆腐丝多，就适量多放些水），煮开，盖盖子，小火焖 10 ～ 15 分钟。

⑥ 10 分钟后翻拌一下，放入泡好的豆腐丝，煮开，继续小火焖 5 ～ 10 分钟。

⑦ 关火出锅时，撒小葱段、熟白芝麻、香油，尝尝味道，适当加盐调味。

小贴士

· 也可用整只鸡做。鸡胸肉操作起来相对省事，整只鸡要提前焯水处理。鸡腿肉或整只鸡口感更嫩些，适合减脂新手。不用过于担心鸡腿肉比鸡胸肉脂肪略多，整体热量摄入是关键。而且鸡腿比鸡胸的铁含量略高，适合体质较弱的女生。

· 味淋可用料酒加 1 小勺红糖代替。

· 土豆、胡萝卜不易熟，切小块能跟其他菜一起熟，入味后甚至比鸡肉还好吃。

· 豆腐丝也可用粉丝代替，都好熟，等胡萝卜土豆熟了，出锅前再放就可以。

· 其他配菜推荐：韩式年糕、红薯粉、宽粉、魔芋、木耳。

好吃的关键

出锅时撒的小葱和香油混在一起的香味是点睛之笔，千万不要省略，配米饭或发面饼都好吃。

保存

密封冷藏可保存 1 ～ 3 天。

③ 黄瓜芝香凉拌面

香油搭配黄瓜，味道清新，口感比芝麻酱拌面条爽口些。在不想做饭的夏天，提前煮出一锅面，拌好后冷藏，随吃随取。

用料

面条	150 克	白醋	15 毫升
橄榄油	5 毫升	苹果醋	15 毫升
黄瓜	1/2 根	姜末	适量
小葱	1 根	蜂蜜	10 毫升
香菜	4～5 根	红糖	5 克
酱油	20～30 毫升	辣椒粉（选用）	适量
香油	15～20 毫升	喜马拉雅粉盐（或凯尔特海盐）	适量
花生碎	适量	蒜	1～2 大瓣
熟芝麻	适量		

步骤

① 烧水煮面时，黄瓜切粒（或切丝），小葱、香菜切碎，蒜处理成泥。

② 面条煮好后，用凉水冲一下，沥干水，拌上 1 小勺橄榄油备用。

③ 把所有调味料拌入面条，尝尝味道，甜咸度根据个人口味进行微调。这时可以放入黄瓜、小葱、香菜，也可以吃之前再放。

④ 盖上保鲜膜冷藏 30 分钟左右。如果选用意面，因为不好入味，如味道偏淡，就把调料适当再加一遍。

⑤ 随吃随取，吃时撒上一些熟芝麻、花生碎、蒜泥，再淋几滴香油。

好吃的关键

冷藏 30 分钟会让面条更入味。

蒜泥一定要现吃现做，这样味道更好。

保存

冷藏可保存 1～2 天。

夏天吃时，在室温中回温 10 分钟即可。

小贴士

· 可用半个柠檬或青柠代替苹果醋，都没有的话，可用等量白醋替换苹果醋；

· 面条可以用荞麦面、普通面条、鸡蛋面、意面等。

④ 黑椒汁蒸鸡

　　健康餐做出了香气扑鼻的馆子味儿,味道像辣椒炒肉和黑椒牛柳的结合。吃时,清炒一个蔬菜,配着酱汁,非常下饭。

　　也算是给平时吃得清淡的健身族换换口味,不要小瞧换换口味,这个真的很重要。

基础用料

鸡胸肉或鸡腿肉 ················· 一整块

熟米饭或糙米饭 ················· 1 碗

芦笋或其他绿色蔬菜 ············ 适量

腌鸡肉的材料

料酒 ···················· 30 ~ 45 毫升

葱 ·································· 1 根

姜 ·································· 2 片

酱汁

酱油 ···················· 30 ~ 45 毫升

蒜 ······························ 1 ~ 2 瓣

小葱 ································ 1 根

黑胡椒粉 ························ 1.25 克

香油 ···························· 2.5 毫升

蚝油（选用） ·················· 7.5 毫升

小红辣椒（选用） ················· 1 根

红糖 ····························· 7.5 克

土豆淀粉或玉米淀粉 ·············· 5 克

步骤

① 把鸡胸肉或鸡腿肉从侧面横着切成两大片。用料酒、葱、姜把鸡肉腌 30 分钟以上。小葱切成葱花，蒜切末。

② 鸡肉放盘子里，凉水上蒸锅，大火煮开后，继续大火蒸 13 ~ 15 分钟，关火闷 3 分钟（根据鸡肉大小、厚度灵活略增减时间）。

③ 蒸鸡肉的同时，准备酱汁。在小碗里混合酱油、香油、黑胡椒粉、蚝油、红糖备用。不粘锅热后，倒一点橄榄油，放葱花、蒜末煎香，倒入调好的酱油汁，转中小火。

④ 调水淀粉：用刚才装酱油汁的小碗，放入淀粉和 1 大勺凉水，拌匀。把水淀粉倒进酱油汁里，大火煮开，酱汁变浓稠即可关火。

⑤ 把鸡胸切条，码放在米饭和蔬菜上，淋上酱汁，放上辣椒碎即可。

103

好吃的关键

蒸鸡的时间不要过长，
否则鸡肉容易老。

保存

密封冷藏可保存 1 ~ 3 天。
吃时微波炉加热即可。

小贴士

鸡肉用鸡胸肉、鸡腿肉或整鸡（切成大块）都可以。不去皮的鸡肉做出来更滑嫩，吃时去掉皮。这样不会增加多少脂肪，与增加的滑嫩口感和香味比起来，很划算。

与其咬牙坚持，不如有原则地"放纵"

撰文 / 高龙　插画 / Judy

健康饮食往往不容易坚持，原因不仅在于食欲不易控制，
还在于我们不总是在家吃饭，也不总是一个人吃饭。

在开始健康饮食之前，我们的烦恼更多与食物本身有关。如何搭配食物才能全面均衡地摄入营养？怎样进食才能最大限度地避免暴饮暴食？但等到开始行动，我们才发现真正让健康饮食难以为继的往往与食物本身无关，而是食物之外的东西，比如工作日的午间外卖，比如周末晚上的朋友聚餐。

有人说："想要吃得健康，怎么能动不动就叫外卖或下馆子呢？"也有人说："为了健康，做些牺牲又算什么？"

的确，我们都知道自己做饭是保证饮食健康的有效方式，但我们同样知道任何脱离现实的生活方式都无法持续。现实就是作为普通的上班族，我们不总是在家吃饭，也不总是一个人吃饭。即使在家吃饭，可能也无法像全职主妇／主夫那样拥有足够的精力和时间为自己做饭。对我们来说，健康和身材固然重要，但工作和社交也不可或缺。任何一种健康饮食方式都不应该以牺牲后者为代价。

好在真正健康和持久的饮食方式并不需要牺牲——不仅工作和社交不需要牺牲，就连食物的种类和口味都不需要牺牲太多，只要你掌握了选择外卖和外食的基本原则。

1 点外卖时

外卖其实可以吃得很健康。比如说，沙拉就是典型的健康外卖。轻食文化发展到现在，沙拉早就不再是生蔬菜和沙拉酱的组合了，不仅多了肉类、坚果、水果、酸奶、杂粮等品类，还有蒸、煮、烤等烹饪方式，而且不同国家经典口味的酱汁还可以与之自由搭配。这不仅能够确保摄入的营养全面均衡，还能最大限度地满足我们对口味的需求，真正做到兼顾健康和美味。即使你不愿意吃沙拉，只要将午餐的主食由米饭换成玉米或将一半的米饭换成一颗水煮蛋，你就朝健康饮食迈出了一小步。更多的建议，可以参考后面的相关专题文章。

105

下馆子也有讲究。每个料理体系都有不那么健康的菜品，所以与其纠结吃哪家，不如把精力放在点什么上。从健康角度来看，食材质量和烹饪方式比餐厅更重要。点菜时，避开油炸食物，增加凉拌和蒸煮等少油烹饪方式的比例，尽量控制炒菜的数量。同时，选择当季新鲜食材，这样无须过多的调味和加工就可以收获健康的美味。最后，如果可以，最好略过主食。外食之所以容易过度进食，一部分原因就在主食上。所以，宁愿多点一道菜，也不要通过主食填饱肚子。实在无法略过，不妨要求和同桌的人分享一份主食。更多的建议，可以参考后面的相关专题文章。

2 下馆子时

除了外卖和外食，维护日常的人际关系也是现实的一部分。有时候我们需要与别人一起用餐。可能是伴侣，也可能是朋友或家人，当与我们一起用餐的人无法与我们的饮食习惯同步时，我们该如何将健康饮食继续下去？

有人会说："自己吃自己的就好了。"也有人会说："爱我的人会理解我的选择的。"的确，坚持自己的选择可能是解决这个问题最直接的方式，但这种直接并非没有代价——即使最终你收获了一个更好的自己，但你与你爱的人之间的关系可能成了牺牲品。而理解永远是相互的，在我们要求别人理解自己之前，不妨扪心自问有试着理解对方吗？

所以，想从根本上解决这个问题，真正长久地把健康饮食坚持下去，日常人际关系是我们绕不开的一环。而相比于坚持，我们更需要共情和沟通的能力，因为决绝没必要，折中就很好。

尝试提前与伴侣沟通，让对方一起参与健康饮食这件事。因为当你有了同居伴侣，减肥就不再是你一个人的事了。如何在不改变你们正常相处模式的前提下推进你的饮食计划，不仅关系着你们感情的融洽，最终也会对你的减肥效果造成影响。下次在为自己做健康餐时，可以试着用剩下的食材为对方多做一份。这样即使不能一起吃饭，对方也能感受到你的心意。

3 与伴侣用餐时

4 和朋友约饭时

尝试提前与朋友沟通，确保对方了解你在饮食习惯方面的改变。健康饮食有时会让你成为餐桌上的扫兴鬼，但如果你能在约饭前提前告知并找到一个大家都能接受的折中方案，你就会最大限度地降低扫兴的可能性。比如说，如果你朋友想吃火锅而你想吃沙拉，不妨选择吃麻辣锅底和菌汤锅底的鸳鸯锅。这样不仅朋友吃得过瘾，你也吃得健康。

5 同家人聚餐时

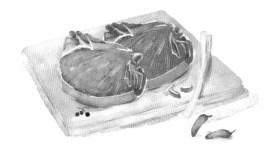

尝试提前与家人沟通，如果不能让家人为自己做一桌健康餐，那就尝试为家人做一桌健康餐。随着我们长大成人，不与父母同住，父母向我们表达爱意的方式就只剩年节时那一桌拿手菜了。这时哪怕是少吃，都可能会伤了父母的心。最好的办法就是亲自下厨，不仅可以通过更健康的烹饪方式继续自己的健康饮食计划，更重要的是还可以用实际行动向家人证明：我可以照顾自己，你们可以不用再为我担心了。

最后，希望大家明白一个道理：任何一种健康的饮食方式都必须是可持续的。无论是为了健康还是为了减肥选择健康饮食，都不是一朝一夕的事，要想成功，不仅需要科学的理论，更需要易于坚持的可操作性。只有这样才能将健康饮食变成日常生活的一部分，永远地持续下去。🔚

超实用
外食点菜
指南

撰文 / 高龙　插画 / 毛毛虫虫

每个料理体系都有不健康的菜品。健康外食的关键就是聪明地避开它们，然后有节制地享用那些更健康的选择。

中餐
火锅
日本菜
意大利菜
//////////

起源于古罗马宫廷的意大利菜,素有"西餐之母"之称,不仅深受全世界美食爱好者的青睐,以意大利南部和希腊地区饮食风格为代表的"地中海饮食"更是备受营养学家推崇,常年位居全球最健康饮食方式榜的榜首。

不过,地中海饮食不能完全与意大利菜画等号,更不能与国内的连锁比萨或意式简餐画等号。真正的地中海饮食是一种植物性饮食方式,日常饮食以天然的蔬果、全谷物、豆类和坚果为主,辅以适量的白肉、蛋类和奶制品,同时尽量减少红肉的摄入。在烹饪时,则以橄榄油作为主要用油,只对食物进行简单加工,减少烹饪过程中营养的流失。在某种程度上,判断意大利菜甚至西餐是否健康,就看它与地中海饮食的接近程度,越接近就越健康。

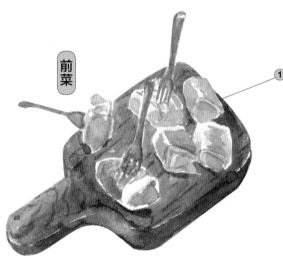

前菜

① 推荐: 意式火腿蜜瓜卷 / 希腊沙拉 / 马苏里拉奶酪沙拉 / 鸡肉蘑菇 / 牛肉碎酿彩椒

雷区: 意式炸米球 / 火腿拼盘 / 土豆浓汤

小贴士:

1. 前菜推荐以新鲜蔬果和优质脂肪为主的沙拉和冷盘;

2. 意式生火腿不建议多吃,偏咸的口味容易导致钠摄入量超标。

主菜

推荐: 玛格丽特薄皮比萨 / 芝麻菜生火 ②
腿薄皮比萨

雷区: 夏威夷风情比萨 / 土豆培根比萨

小贴士:

1. 尽量避免快餐比萨;

2. 推荐正宗的意式比萨,不仅面粉和奶酪的品质有保证,配料也相对简单清爽。

110

推荐：**青酱意面 / 海鲜意面 / 鸡肉** ③
蔬菜意面

雷区：白酱意面 / 千层面

小贴士：

1.尽量避免选择只用黄油、奶油、
奶酪的意面；

2.青酱意面、海鲜意面和肉酱意面，
不仅脂肪含量更少，营养也更丰富。

主菜

主菜

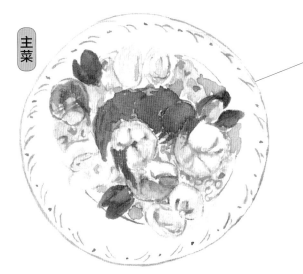

④ 推荐：**牛肝菌烩饭 / 海鲜烩饭 /**
鸡肉芦笋烩饭

雷区：奶酪烩饭

小贴士：

1.加了各种配料的烩饭比基础
的奶酪烩饭风味更足，营养也
更丰富；

2.烩饭热量非常高，吃的时候
最好找人分享。

主菜

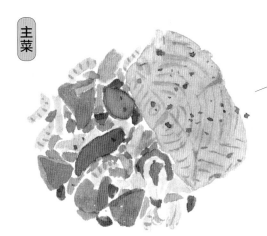

⑤ 推荐：**三文鱼配番茄橄榄沙拉 / 猎人**
烩鸡 / 烤羊排配小土豆和扒蔬菜……

小贴士：

1.白肉和蔬菜的搭配永远是健康西
餐的首选；

2.不要忽视烹饪和调味方式。首选少
油少盐的低温烹饪菜品，口味可以从
香料中获得。

据世界卫生组织报告显示，日本连续多年成为世界上人均寿命最长的国家，其中很大一部分原因都要归功于饮食的健康。不过这里说的饮食，不是出现在我们外卖订单中的猪排饭或咖喱饭等日式简餐，而是传统日本料理。

传统日本料理以天然谷物和新鲜蔬菜为主，搭配适量的肉类和豆制品，以及少量的水果和奶制品。而且肉食以鱼为主，豆制品除了常见的豆腐之外，更多地以纳豆和味噌等发酵食品的形式出现在日常的餐桌上。在烹饪方式上，日本料理少见爆炒这样的高温烹饪方式，除了少量油炸之外，日常更多以煎炒、炖煮、凉拌甚至生食为主。

上述这些特质，共同造就了日本人的健康饮食和长寿。

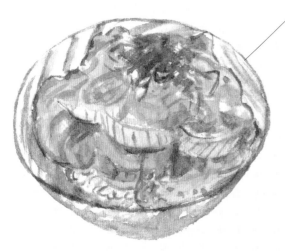

① 推荐: 亲子饭 / 肥牛饭

雷区: 猪排饭 / 照烧鸡腿饭 / 日式咖喱饭

小贴士:

1. 尽量避开油炸食物；

2. 正宗照烧汁为 3 勺生抽、1.5 勺老抽、1.5 勺蜂蜜和 1.5 勺料酒的混合物，热量比你想象的更高；

3. 日式咖喱多为加了面粉和油脂的块状咖喱，相比于天然香料混合而成的咖喱粉，热量更高；

4. 推荐采用焖炒方式制作而成的亲子饭和肥牛饭。

推荐: 酱油汤拉面 / 日式蘸面 ②

雷区: 猪骨浓汤拉面

小贴士:

如果嫌骨汤拉面的热量高，可以尝试酱油汤拉面或面汤分开的蘸面。

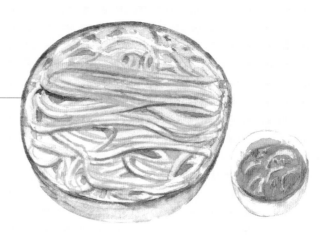

③ **推荐：关东煮**

雷区：日式烤串 / 天妇罗

小贴士：

日式烤串和天妇罗本质上还是
烧烤和油炸食物，可能的话，
尽量选择更健康的替代品，比
如关东煮。

推荐：白烧鳗鱼 ④

雷区：蒲烧鳗鱼

小贴士：

首选不加酱汁的白烧鳗鱼，
热量不仅更低，而且更能凸
显鳗鱼本味。

⑥ **推荐：味噌汤**

雷区：可尔必思苏打

小贴士：

1.有乳酸菌也无法改变可尔
必思饮料含有添加糖的事实；
2.推荐以营养价值极高的味
噌汤作为日本料理的结尾。

⑤ **推荐：生鱼片**

雷区：寿司

小贴士：

1.在生鱼片和搭配生鱼片的寿司之间，
尽量选择生鱼片，如果选择其他寿司，
接下来尽量略过主食；
2.无论生鱼片还是寿司，首选富含
Omega-3 不饱和脂肪酸的三文鱼和
金枪鱼。不过不要多吃，世界卫生组织
建议油性鱼类每周吃 1 ~ 2 次即可；
3.小心蘸碟中的钠含量。

在世界上最健康的料理之中,你可能很难找到中餐,因为中餐的无敌美味很大程度上与它以高温烹饪为主的料理方式息息相关。爆炒、油炸、炙烤——毫不夸张地说,世界上其他料理中的"罪恶"美味,中餐中都有更"罪恶"也更美味的版本。

不过,中餐同时也是最容易吃得健康的料理。中华料理博大精深,我们即使忍痛割舍大多数高温烹饪食物,依旧还有无数兼具健康和美味的菜品供我们选择,我们需要做的就是把它们从菜单中找出来。

而线索,就是烹饪方式。

> ◐ **小贴士**
>
> 1. 避开油炸菜品。尤其要注意"熘"这样的隐形油炸方式以及各种需要提前过油的菜品,如熘肉段和地三鲜等。
>
> 2. 尽可能以凉拌和蒸煮为主。推荐蒸菜和压锅菜,这样烹饪不仅能够最大限度地保留食物营养,同时还能激发食材本身的风味,无须过多调味即可收获美味。
>
> 3. 中餐馆中的炒菜多为爆炒,所以非要点炒菜的话,尽量保证食材营养丰富且调味健康,首选"荷塘月色"(一般有木耳、荷兰豆、莲藕等)这样的清淡小炒。
>
> 4. 水煮系列不算传统印象中的不健康料理,但因为最后需要浇上热油,所以整道菜含油量其实相当高,最好避开。

① 推荐: 木耳洋葱丝 / 老醋菠菜花生 / 东北大拌菜 / 青虾拌瓜条 / 红油鸡丝

凉拌

炒

② 推荐: 荷塘月色 / 广式小
炒皇 / 芦笋鸡蛋炒虾仁 /
西蓝花炒牛肉片

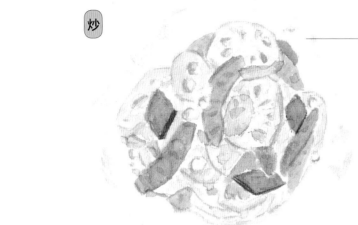

蒸
煮

③ 推荐: 银鱼仔蒸丝瓜 / 腐乳蒸鸡 /
香菇蒸肉饼 / 剁椒蒸芋头 / 东北乱
炖 / 番茄龙利鱼 / 腌笋鲜 / 清炖萝
卜牛腩

雷区

爆炒:

酱爆鸡丁 / 葱爆羊肉 / 爆炒猪
肝 / 火爆圆白菜

油炸:

软炸里脊 / 焦熘丸子 / 松鼠鳜
鱼 / 东坡肘子

需要过油的菜:

地三鲜 / 鱼香茄子 / 干煸豆角
/ 麻辣香锅

水煮系列:

水煮鱼 / 水煮肉 / 毛血旺

和大部分人想的不一样，火锅其实算是难得的健康料理。首先，水煮这种方式决定了火锅的最高烹饪温度不会高于100℃；其次，涮这个动作决定了食材的加工时间不会太长；最后，火锅这种形式决定了食材的丰富，也侧面保证了营养摄入的全面和均衡。

当然，想同时满足这三点要求并不容易。

首先，你要避开沸点更高的牛油锅底，因为更高的沸点意味着更高的烹饪温度；其次，你还要避开那些需要更长加工时间的食材，因为更久的加工时间意味着更多的营养流失；最后，你要有选择有节制地点餐，保证营养丰富的同时控制食物的总量，避免暴饮暴食。🍴

汤底

① **推荐：清汤 / 菌菇 / 番茄 / 酸汤**

雷区：牛油

小贴士：
汤底尽量避开牛油锅底。相比之下，老北京涮羊肉、潮汕牛肉火锅、广式打边炉和海南椰子鸡火锅都是更健康的选择。

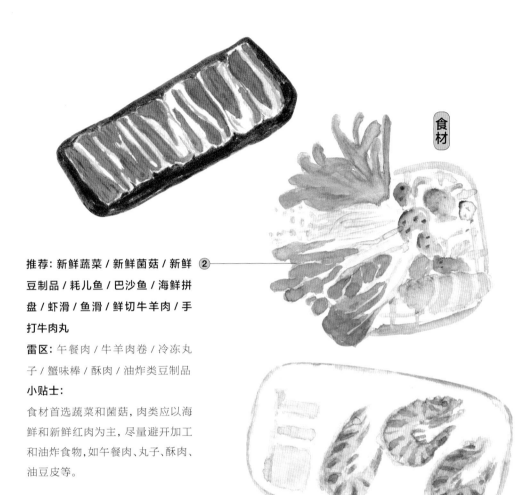

食材

推荐: 新鲜蔬菜 / 新鲜菌菇 / 新鲜 ②
豆制品 / 耗儿鱼 / 巴沙鱼 / 海鲜拼
盘 / 虾滑 / 鱼滑 / 鲜切牛羊肉 / 手
打牛肉丸

雷区: 午餐肉 / 牛羊肉卷 / 冷冻丸
子 / 蟹味棒 / 酥肉 / 油炸类豆制品

小贴士:

食材首选蔬菜和菌菇,肉类应以海
鲜和新鲜红肉为主,尽量避开加工
和油炸食物,如午餐肉、丸子、酥肉、
油豆皮等。

蘸料

③ **推荐:** 海鲜汁 / 辣椒干碟 / 少盐少油版自制蘸料

雷区: 麻酱 / 香油蒜泥

小贴士:

蘸料尽量避开热量较高的麻酱和油碟,或者将
麻酱用汤稀释后再蘸。自制的话,可以在日常口
味偏好的基础上少油少盐。除此之外,海鲜汁
和辣椒干碟也是相对健康的选择。

同样的东西，
不一样的吃法

撰文 / 秦经纬　插画 / NA

可以依据的原则是：
尽量将某种食物中"三高"（高油、高糖、高盐）的
部分舍去。///////////////////////////////

　　出门在外，临到中午饥肠辘辘，身边却只有炸鸡快餐店、煎饼摊等"高热雷区"之选，正在减肥的你该怎么选择？难道只能强忍饥饿，视而不见？

　　对于大多数减肥人士来说，在现实中往往很难在每一餐中都吃到自己"应该吃"的东西。这种时候，与其决绝地对这些食物说不，还不如想办法对它们进行改造，有效地防止自己变胖。

　　中国疾病预防控制中心营养与食物安全所在对全国 8 个省进行的一项研究中发现，在其他能量摄入和消耗不变的情况下，每天只要增加看似不多的能量摄入（例如 2～3 个饺子、一小勺烹调油、小半碗米饭），一年就能增加大约 1 千克体重。反过来说，只要在日常饮食中少摄入一些热量，日积月累效果就很可观了。

　　那么，怎样"改造"食物才能让它的热量变少呢？可以依据的原则是：尽量将某种食物中"三高"（高油、高糖、高盐）的部分舍去，或换成相对低热量但营养不减的食物，同样的食物，换种吃法，带给身体的负担就会小很多。

　　这些食物经过改造后，分量并没有发生太多改变，但热量减少了不少，同时也基本保留了原本的风味，因此也更容易让我们将这种饮食方式融入日常生活中。🔴

常见食物的改造方法（供参考）

	需改造部分	改造参考
沙拉	蛋黄酱、千岛酱等	换成油醋汁、柠檬汁、酸奶等
炸鸡	鸡皮	不吃皮，或少吃皮
火锅	芝麻酱调料	换成海鲜汁，或者稀释一下
奶茶	珍珠、奶霜、布丁等	代糖／去糖，只保留鲜奶和茶
汉堡	芝士片	少放芝士，或换成生菜
牛排	烧烤酱	改用胡椒调味
意大利面	奶油、肉丸	改用瘦肉末、粉类、果蔬青酱调味
薄烤饼	枫糖浆、奶油	换成水果、低脂酸奶
方便面	酱包	仅用粉包调味／只放一半
夹心饼干	夹心层	去掉（担心没味道可以蘸酸奶）
凉皮	辣椒油	换成辣椒粉
鸡蛋灌饼	香肠	换成生菜、鸡蛋，少加酱和油

▶ 比萨

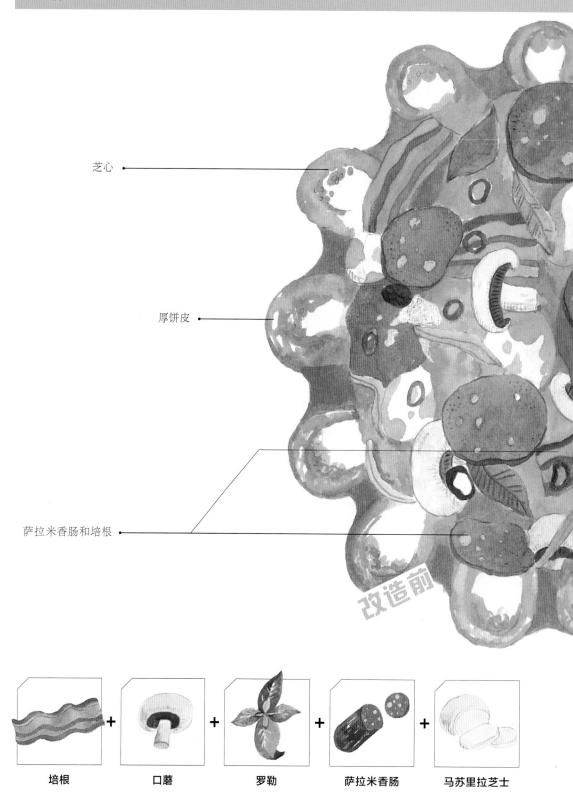

芝心

厚饼皮

萨拉米香肠和培根

改造前

120

培根 + 口蘑 + 罗勒 + 萨拉米香肠 + 马苏里拉芝士

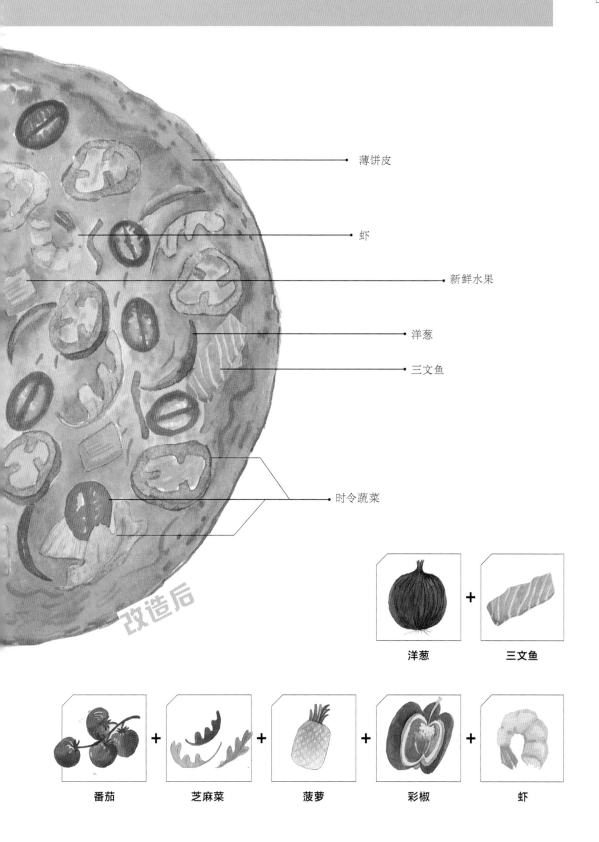

薄饼皮

虾

新鲜水果

洋葱

三文鱼

时令蔬菜

改造后

洋葱　　　　　三文鱼

番茄　　　芝麻菜　　　菠萝　　　彩椒　　　虾

121

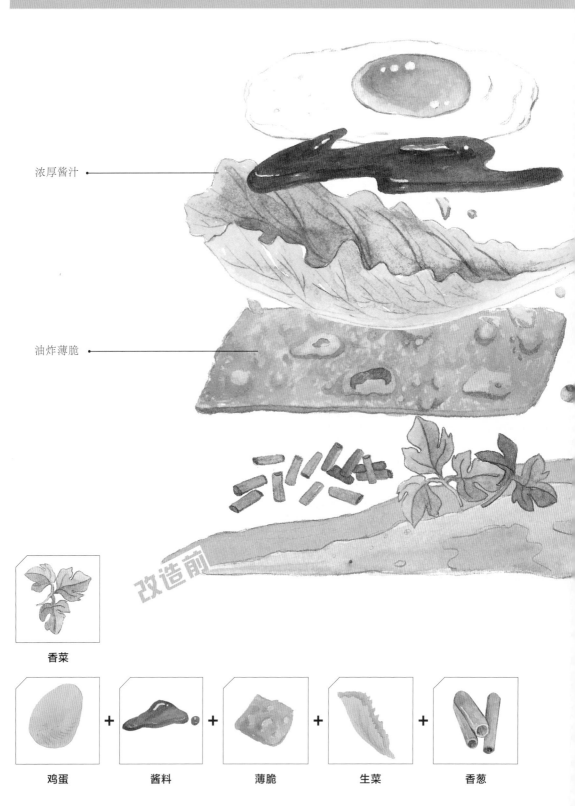

浓厚酱汁

122

油炸薄脆

香菜

鸡蛋 + 酱料 + 薄脆 + 生菜 + 香葱

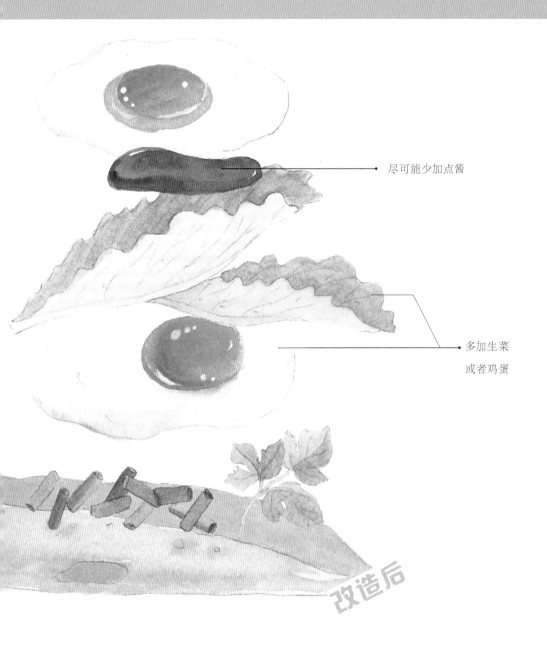

尽可能少加点酱

多加生菜
或者鸡蛋

123

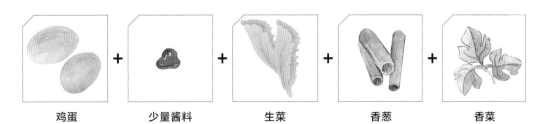

鸡蛋 + 少量酱料 + 生菜 + 香葱 + 香菜

将外卖
重新下单

撰文 / 舒卓　插画 / 子丸喜四

124

当超标的体脂成了你的负担，那么没有一餐外卖是无辜的。外卖餐食不但存在食品安全隐患，也同时存在热量超标隐患，从调味料到油脂量，处处都有可能让你不知不觉长出更多脂肪。年年岁岁的工作日都在公司或公司附近解决午餐，甚至连早餐和晚餐都要依靠送餐员"续命"的人，需要重新审视一下你的外卖订单，看看是否存在让你腰缠"游泳圈"的危险。

以甜食爱好者高明和重口味爱好者粉粉一天的外卖为例，我们来梳理外卖订单中有哪些可以优化的项目：

高明 32 岁

每周看心情运动 1～2 次，工作日大多数时间坐在办公室办公，喜欢甜食，重度饮料爱好者，体重与身高比例看起来尚可，但体检时被检出轻度脂肪肝。

日常早餐

· 牛角包
· 半糖拿铁
· 几颗昨天剩下的糖炒栗子

建议早餐

· 全麦蔬菜鸡蛋三明治
· 无糖拿铁

牛角包是典型的高糖高油食物，
半糖拿铁也含有不少添加糖。

日常午餐

· 烤五花肉套餐
· 梅子蘸酱
· 小份烧茄子
· 小份西红柿炒蛋
· 金橘柠檬茶

建议午餐

· 烤牛肉配杂粮饭
· 油醋汁配蔬菜沙拉
· 西红柿蛋花汤
· 乌龙茶

125

五花肉套餐中除了肥肉的问题，
还有梅子蘸酱的糖分添加问题，
烧茄子和西红柿炒蛋都存在蔗糖添加和高油的问题，
金橘柠檬茶也存在大量添加糖。

日常晚餐

· 与室友平分 9 寸双倍芝士卷边比萨
· 焦糖布丁两份
· 蜜汁烤全翅两份
· 南瓜奶油浓汤

建议晚餐

· 薄饼比萨
· 低糖酸奶水果捞
· 蔬菜鸡肉串
· 罗宋汤

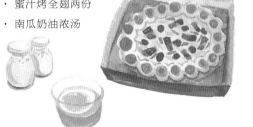

芝士卷边和焦糖布丁都存在高热量的问题，
南瓜奶油浓汤也存在添加糖和脂肪偏高的问题。

如果不得不长期吃外卖,试试下面的办法:

....

1 选择商家前先看商家详情页和评论页,判断商家实力和口味风格,相对来说,实力较强的商家更容易选择品质更高的食材,在烹饪的时候不太容易过于依赖重油重糖来提升口味;

2 专门做健康餐的商家也不一定不存在热量隐患,为了满足更多人的需要,每份套餐可能会根据成年男性的食量设定主食配比,点轻食时,最好选择可以自由搭配的商家,按照个人情况组合,同时也要尽量用油醋汁代替酱类调味料;

3 尽量避免浓油赤酱,尽量点涮烫蒸煮类的餐品代替炒菜,最好再准备一杯水涮掉菜品上过多的油脂;

4 尽量避免炸物、吸油的蔬菜类菜品(比如烧茄子)和油炒油拌的精制米面主食(如炒面、手抓饭),以及糕点类小食;

5 在下单时利用备注,请商家少放一些主食,多放一些蔬菜,或是少糖少油;

6 如果喜欢吃的几家餐厅都以精制米面为主食,则可以考虑自带玉米、红薯、南瓜等代替精制主食。❂

粉粉 27 岁

完全不运动,工作日每天在两层办公楼间穿梭数次,步行时间 20~30 分钟,来自南方重口味地区,体形在标准范围内,但有明显的小肚腩。

日常早餐
· 糖油饼
· 甜味豆浆
· 酱菜

建议早餐
· 蔬菜卷饼
· 原味豆浆

糖油饼高油高碳水化合物，豆浆有蔗糖添加，酱菜高盐。

日常午餐
· 新疆炒米粉
· 狼牙土豆
· 桂花醪糟黑芝麻汤圆

建议午餐
· 花溪牛肉粉
· 板桥豆干
· 冰粉

新疆炒米粉高油高盐高碳水化合物，狼牙土豆高油高碳水化合物，醪糟有额外添加蔗糖，汤圆含的碳水化合物和油脂都不少。

日常晚餐
· 麻辣香锅
· 白米饭
· 可乐

建议晚餐
· 清汤麻辣烫
· 玉米
· 水果盒

麻辣香锅高油高盐，白米饭高碳水化合物，可乐也是糖分重灾区。

总是嘴馋，
怎么办？

撰文 / 秦经纬　插画 / 毛毛虫虫　摄影 / 高晨玮

特别想吃东西的时候，到底是要违心地
坚决说不，还是顺应心意大吃特吃呢？

128

　　人类和存在于这个世界的其他动物一样，
天生就有对食物的渴望，尤其是对能量丰富
的食物。出于生存需要，我们的大脑会下意识
希望我们尽可能地不停摄取食物，所以当你
面对一块松软可口的蛋糕、炸得金黄酥脆的
炸鸡，控制不住想吃时，不需要自责或者觉得
自己意志力薄弱，这只是人类的本能罢了。

　　所以，在减肥期间，面对自己特别想吃的
东西，尤其是高热量高糖的食物时，不一定非
要违心地坚决说不，而是要在尽可能减少负担
的情况下找到充分享受美食的方法。

> 下次想吃东西时不妨先想想到底是因为馋还是真的饿了，分清这两种感觉之间的区别，才能让我们在控制不住想吃东西时找到解决办法。///////////

▶ **你不是饿，只是馋了**

明明刚吃完饭没多久，看到美味的甜点又忍不住想拿起来吃一口？等等！先喝杯水或无糖饮料吧，过几分钟也许你就会发现自己想要吃它的欲望没那么强烈了。

如果还是很想吃，可以先吃一点高蛋白低脂肪或低升糖指数的零食，高蛋白食物的饱腹感很强，低升糖指数的食物不会让血糖水平产生大幅波动，选择这类零食可以让我们在不摄入过多热量的情况下更快得到满足。

为什么刚吃完没多久就又饿了呢？其实这不是饿，只是你馋了，也叫"非生理性饥饿"。一般来说，生理性饥饿是逐渐形成的，也会由你上一餐吃了多少决定。如果吃得比较饱，一般生理性饥饿在饭后 4 ~ 6 小时后才出现，并且在你吃到足够的食物时消失，你会有饱腹感和满足感；而非生理性饥饿出现的时间不确定，可能突然形成，或者由于受到外界刺激（比如美食广告、空气中传来的食物香气等）而产生，通常身体没有饥饿感，和用餐完毕的时间也没有关系，进食后身体可能不会有饱腹感，心理上也许得到满足，但想要控制体重的人可能反而会产生负罪感。

不过，总是嘴馋想吃东西也没必要过于自责，因为"馋"这种感觉并不会凭空出现，找到背后的原因，你也许就能更好地找到适合自己的应对之道。

129

▶ 吃东西让人开心到上瘾？

其实热量再高的东西，如果只吃一点也不会让人长胖，或者打乱整个饮食计划。当我们明确知道某样食物会给自己带来快感时，不用拼命忍着不吃，但是一次别吃太多，因为真正能让你感到快乐的分量不需要很多。如果不为果腹，只为享受美食的话，头几口的味道最好，也最能带来满足感。

这是因为任何给我们带来快感的行为都会让脑细胞分泌多巴胺这种神经递质，它会刺激脑部的奖励中枢，由此带来的快感和渴望会让我们想要不断重复这些行为。但是，多巴胺释放会随着刺激数量的增加而减少，相应地快感也会降低，如果还想得到曾经的愉悦，就需要更多更大的刺激。

在《营养学——概念与争论(第13版)》中，引用过一项经典实验，研究人员对肥胖人士进行脑部扫描后发现，他们的多巴胺分泌低于正常水平，和有酒瘾、毒瘾的人情况类似，他们需要更多美味的食物去满足身体不停增长的渴望。

也就是说，我们每个人都会受到来自多巴胺的挑战，因为没有人不喜欢大脑分泌它时带来的快感和愉悦；但我们也需要对它保持警惕，因为对这种快感成瘾是有危险的。因此，在自己和喜欢的食物间找到弹性平衡非常有必要。

把自己当成真正的美食家吧！仔细品味食物带来的愉悦，时刻提醒自己：想要通过食物得到的是美好的感觉，而不是快要撑爆的肚皮。

当我们明确知道某样食物会给自己带来快感时，不用拼命忍着不吃，但是一次别吃太多，因为真正能让你感到快乐的分量不需要很多。//////////////

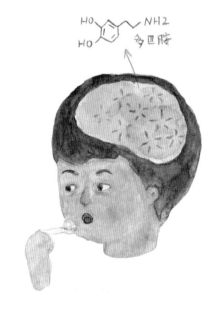

与其与食物建立焦虑的联结，不如建立愉悦享受的联结。//////////

☑ 小测试

你是否有情绪化进食的问题？不妨扫描右面的二维码给自己打分。分数太高的话，就付出行动加以改善吧！

▶ **坏情绪能被吃掉吗？**

心情不好的时候总想吃点什么压压惊？如果这种情况经常出现，就要小心了，别让自己掉入情绪化进食的陷阱中。

情绪化进食的概念源于布吕克（Bruch H., 1964）的研究，他认为情绪化进食者会把过度进食与错误的饥饿意识联系起来，也就是说，把许多由情绪带来的感觉都理解为"饥饿"信号，尤其是当消极情绪出现时就通过吃很多东西来缓解，并把这种行为当成身体的需要。

但通过吃东西获得的安慰转瞬即逝，它并不能真正解决焦虑、抑郁、愤怒、孤独的问题……就好比吃止痛药，只能暂时得到缓解，并不能从根本上改善。而且，暴饮暴食过后，还可能因此产生更多羞愧、自责、内疚的消极情绪——坏情绪不但没有得到缓解，反而加重了，让人更容易陷入恶性循环中不能自拔。

在情绪不好的时候吃东西，容易沉浸在情绪里，而根本记不得食物的味道。但只要你开始试着去体会，就会发现自己其实并不需要太多食物就能比以前更快地冷静下来。尝试觉察自己的情绪，同时对随之出现的食欲也保持觉察，不需要压制它，因为这样做反而会放大、强化不好的情绪；允许自己顺从内心，同时用心体会吃到每一口食物的感觉，看看它们是否达到了应有的效用，而不是盲目地通过报复性饮食填满自己——与其与食物建立焦虑的联结，不如建立愉悦享受的联结。

相比于过度进食，不如养成更健康的生活习惯，充足的睡眠、适量的运动都能给我们带来更多活力，从而更好地面对生活中的种种问题。同时，也可以采取一些更积极的方法来舒缓情绪、奖励自己，比如和家人朋友分享、做喜欢的事情、买想买的东西、打扫房间等。⑪

131

不知不觉就吃多，有救吗？

撰文 / 秦经纬　插画 / 子丸喜四

▶ 随处可见的无意识进食

下列情况是否在你的生活中很常见？

·吃饭时总要看点什么，刷刷微信、看看小说；即使不饿，看电影、电视剧时也要打开一包零食。

·肚子已经饿得咕咕叫，手边却没有东西可吃，等饭菜一上桌就迫不及待地狼吞虎咽，结果一下吃撑了。

·当碗里只剩下几块肉、几口饭、几根菜时，想着不能浪费，即使已经吃饱了，也强迫自己"空盘"；一包薯片打开了就得吃完，免得放久了没那么酥脆。

·为了凑单点了丰盛的套餐，虽然超过自身食量也还是努力消灭干净。

·明明刚吃过饭，还是开心地接受了同事的奶茶拼单邀请，然后边工作边喝掉一大杯。

·点了蛋糕当作下午茶，刚吃时觉得美味极了，虽然吃到后面觉得它有点太甜、奶油太多，但还是吃得一干二净。

·超市里的大包零食比小包的性价比更高，于是毫不犹豫买下大包装的；总喜欢买正在促销的"大礼包"食品，即使知道这些东西保质期很短而且需要尽快吃完。

·吃自助餐时看到卖相诱人的食物忍不住一次拿太多，吃的时候才发现味道平平，为了不剩下硬着头皮也要吃完。

······

…… 在我们无意中
吃下去的所有食物中，
并不是每一样
都值得为其付出变胖的代价……

在日常生活中，我们往往会低估自己"无意"中吃下去的食物热量。举例来说，在下午茶时多吃两个小牛角面包不会让你感觉吃撑了，但想消耗掉它们所带来的热量，却需要一个正常体重的成年人连续快跑 40 分钟。

令人难过的是，在我们无意中吃下去的所有食物中，并不是每一样都值得为其付出变胖的代价，尤其是那些你本以为自己是因为好吃才吃的东西。

在一项经典实验中，研究人员发现，如果人们在看电影时拿到大份爆米花，就会比拿到小份的人吃得更多，即使那是已经放了数天的变味爆米花，虽然他们会抱怨不好吃，但仍然忍不住会吃。

他们是因为那些爆米花好吃才吃吗？不是，他们也并不是因为太饿才吃完一整桶大份爆米花的。看电影就要吃爆米花的心理暗示、周围人都在吃的氛围，以及观众的注意力主要被电影而不是食物吸引等外界因素，导致人们在并不是真正需要这些变味爆米花的情况下，依旧机械性地吃了又吃。

▶ 挑剔地吃，聪明地吃

观察一下身边那些"怎么吃都不胖""天生"的瘦子你就会发现，他们大多很"挑食"：不喜欢、不想吃的东西不会吃，然后把份额都留给那些真正爱吃、需要吃的食物，并且很清楚自己何时需要停止。

对自己吃掉的食物的味道、分量和热量做到心中有数十分重要。不妨把我们每天应该摄入的热量视为一个固定额度，就好像购物一样，在可花费资金有限的情况下，聪明地配置自己的支出：先买自己需要的（摄入每日所需食物），然后买自己最喜欢、最想要的，即使它不是必需的（好吃的零食）。没有人想大手大脚地乱花钱买回一堆早晚会扔掉的鸡肋之物，同样地，那些身体不必需的、味道乏善可陈的东西也没必要大吃特吃。

想要做到有意识地察觉自己吃进去的东西，不妨改变生活中的一些无意识行为：专心于食物上，而不是边看电视、手机边吃；细嚼慢咽，而不是在大脑还没反应过来时就已经吃太多；不需要强迫自己"空盘"，既然已经吃饱了，就不用再将摆在面前的食物吃掉……

重新体会一下每次吃东西时想要吞咽的冲动，是出于习惯还是需要？你是不是已经通过充分咀嚼体会到了嘴里食物的全部美味？在咽下去时，肚子是不是已经很饱了？那么还需要再接着吃吗？

当然，再怎么精打细算也会有"消费超支"的情况出现，那就努力让收入增多吧！多运动就是很好的方法——保持身材、享受美食，谁说这两者不能兼得呢？

最后，即使对自己吃的东西有所察觉，仍然控制不住吃太多的话，也可以做出一些改变来调整热量和满足感之间的平衡，并且要知道这不会是暂时的，而是可以持之以恒的。例如，如果喜欢吃吐司的话，可以用全麦吐司代替奶油吐司吗？能否减少奶油吐司的比重？或者涂一点点奶油在全麦吐司上？要是把奶油换成低脂奶油或者酸奶呢？

只是一点点调整和妥协，从长期来看就会带来效果。不需要"一刀切"，只要愿意接受一些改变，美食终将不再成为负担，只会给你带来健康和愉悦。🔟

135

吃素减肥
靠谱吗?

撰文 / 秦经纬　　图片来源 / 视觉中国　　插画 /Judy

经过精心计划的素食饮食对身体可能有益,但想
要减肥,却不只是不吃肉这么简单。

通过吃素减肥并不一定靠谱，这是因为很多素食的热量其实不像我们想象的那么低；同时，在饮食中完全剔除动物性食物，长期来看还可能给健康带来风险。

▶ 吃肉不代表会长胖

想要通过吃素减肥的人的普遍逻辑是肉类，尤其是富含脂肪的肉类容易让人长胖。但真正让人变胖的不是某一类食物，而是摄入过多的热量，即使完全摒弃肉类，也不一定就能避免热量摄入超标。

例如每 100 克用椰子油炸的香蕉片和同等重量的肉类汉堡相比，前者的热量和饱和脂肪酸都是后者的 2 倍。而一些吃起来和肉类口感相似的素肉热量也很可观，不但不比同等分量肉食的热量低，有的甚至还更高。而且为了让味道更好，这类素食中往往还会添加不少调味剂，大量食用容易摄入过多糖、盐、油和其他添加剂。因此，在选择加工素食时，要对成分表和配料表多加留意。

另外，健康的素食更加讲求营养搭配的章法，而富含脂肪和蛋白质的素食食材的选择相对较少。由于缺少足量动物蛋白所带来的饱腹感，素食者往往会吃更多淀粉类食品，如果不对其中的精制碳水化合物食品加以控制，长期食用不但对健康无益，也不利于控制体重。

因此，只靠不吃肉来减肥不一定能达到理想中的效果，但是，很多研究也证实，采用精心计划的素食方式，同时均衡摄入各类营养素的素食者患各类慢性疾病的风险较低，尤其是高血压、高血脂的患病概率显著低于同年龄组的非素食人群，而且前者也更容易保持健康体重。

值得注意的是，这些有益身心的影响通常不是不吃肉带来的，而是因为素食者的饮食中往往包含更多丰富的蔬果、豆类和全谷物食品，因此，尽可能摄入更多种类的天然食物，同时合理搭配才能让这种饮食方式更有益于健康。

所以想要通过吃素的方式健康减肥，需要合理规划每日食谱，努力弥补不能从动物性食品中摄入身体所需营养素的不足，同时充分发挥植物性食物的营养优势。

137

但真正让人变胖的不是某一类食物，而是摄入过多的热量…… /////

▶ 素食人群更容易营养不均衡

相比于非素食者，素食人群更容易面对蛋白质、维生素、n-3 多不饱和脂肪酸、钙、铁、锌等营养素缺乏的风险。所以，一旦决定成为一名素食者，就需要更加认真对待和设计自己的每日膳食。

对于素食减肥者来说，他们更要特别注意各种营养素的摄入。如果只吃蔬果不吃主食的话，很容易出现营养不良的情况，吃太多蔬果也可能导致纤维、果糖等成分摄入过量，从而影响肠道健康。

根据《中国居民膳食指南（2016）》，素食者应适当增加谷类食品的摄入，尤其是全谷物类食品要多吃一些；大豆富含丰富的优质蛋白和不饱和脂肪酸、B 族维生素等，也是素食人群应该多吃的食物，发酵后的豆制品还可以补充人体所需的维生素 B_{12}。

食用油和坚果是素食人群补充 n-3 多不饱和脂肪酸的主要来源，可以在家中准备一些核桃、大杏仁等坚果作为零食，同时多备几种食用油，比如烹炒时选择菜籽油或大豆油，拌菜时则选亚麻籽油或紫苏油。

素食者如果担心或已经出现某种营养素摄入不足的情况，除了在日常饮食中增加含有该营养素的食物外，也可以选择一些强化食品或补剂来补充。🎧

138

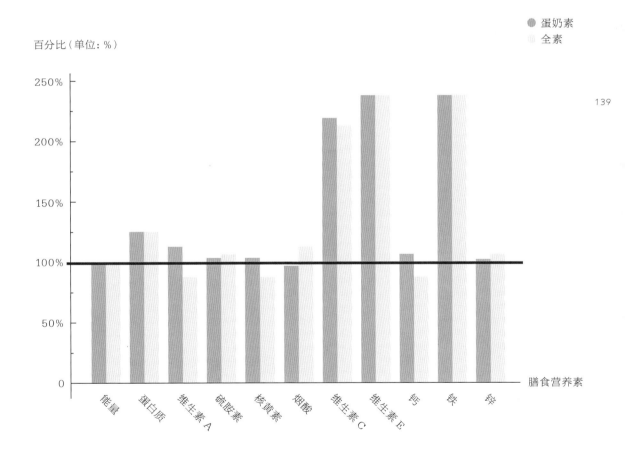

建议的素食模式以及提供的营养素占膳食营养素参考摄入量百分比

数据来源:《中国居民膳食指南（2016）》

139

超级食物、
负热量食物、
轻食究竟是什么?

撰文 / 高龙   图片来源 / 视觉中国

或早或晚,你都会在减肥的某个阶段听说这三种食物。
它们到底存不存在?减肥效果如何?我们又该如何正确打开它们?
这篇文章会一一为你说明。

健康饮食的真谛在于全面和均衡的营养，而不是某一类食物或某一种趋势。

////////////////////////

▶ **超级食物**

作为最火热的健康饮食趋势之一，超级食物概念正被全世界无数信奉健康饮食理念的人追捧。不过，根据美国心脏协会的研究，营养学中并不存在"超级食物"这一食物群，目前也没有明确的标准可以界定一种食物是否属于超级食物。

所以，大家谈论的"超级食物"到底是什么？

"超级食物"泛指营养密度高的食物，它们不仅营养丰富，而且热量相对较低。"超级食物"通常富含抗氧化物和类黄酮，不仅可以帮助预防心脑疾病和癌症，还可以提高免疫力，降低罹患糖尿病和炎症相关疾病的风险。很多人以为"超级食物"普遍少见且昂贵，如奇亚籽、小麦草、甜菜根、羽衣甘蓝等，但事实上我们熟悉的酸奶、姜蒜、浆果、豆类、橄榄油、深海鱼，以及全谷物

和绿叶蔬菜同样属于"超级食物"。

"超级食物"的好处毋庸置疑，但健康饮食的真谛在于全面和均衡的营养，而不是某一类食物或某一种趋势。所以，解锁"超级食物"的最好方式就是在保证营养全面均衡的基础上，将其融入你的日常饮食中——无须过分追求那些高价的"网红"超级食物，深色绿叶蔬菜和浆果同样营养丰富，而且性价比更高。

具体到每餐，最简单的办法就是确保食物的多彩。如果一餐的颜色以棕色和米色为主，那食物中的抗氧化物含量很有可能偏低。这时可以加入浆果、甜菜根或抱子甘蓝，既能丰富颜色又能丰富营养。除此之外，用深海鱼和豆制品替代红肉和禽类，多喝绿茶，多使用姜黄作为日常香料，同样可以增加抗氧化物的摄入量。

莓果

番茄

奇亚籽

全麦三明治

○○ 超级食物　　◐◑ 轻食　　◕◕ 负热量食物

▶ 负热量食物

对于想要减肥的人来说,没有比"负热量食物"更令人向往的了。试想一种食物,消化和吸收它们所消耗的热量比它们本身所含的热量还多——如果这种食物真的存在,那越吃越瘦将不再是个梦。

不过,"负热量食物"真的存在吗?

2019 年 3 月发表在《实验生物学学报》上的一项研究首次用科学手段给出了答案:负热量食物并不存在。该研究选取蜥蜴,以及负热量食物的代表——芹菜作为实验对象。研究人员发现即使蜥蜴全天只吃芹菜,消化和排泄所消耗的热量也只占芹菜总热量的 75%,剩下 25% 的热量依旧被蜥蜴吸收。研究人员推测,如果实验对象为人,结果也不会有太大的差别。

虽然负热量食物并不会真的形成负热量,但吃它们还是能够达到减肥的效果。原因在于富含水分和纤维的负热量食物饱腹感强且热量极低,这就意味着如果选择它们作为主要饮食,制造热量缺口将会变得更容易。

负热量食物以水果和蔬菜为主,包括芹菜、黄瓜、生菜、胡萝卜、西蓝花和番茄等。因为同样具有低热量的特点,不少"超级食物"也是"负热量食物"。另外,因为黑咖啡热量几乎为零,同时具有加速新陈代谢的作用,它虽然很少被划为负热量食物,但同样具有与负热量食物类似的减肥效果。

与"超级食物"一样,不建议日常饮食以"负热量食物"为主,最好还是根据你的个人喜好,将其融入你的日常饮食中,做到营养的全面和均衡。

▶ 轻食

在很多人眼里,减肥餐等于轻食,轻食等于沙拉。

这句话只对了一半。轻食的确可以帮助减肥,但并不只有沙拉这一种形式。

轻食的原型是英式下午茶。因为英国的晚餐时间较晚,所以英国人习惯在下午三四点的时候吃些小点心果腹,这些小点心就是轻食的雏形。演变至今,轻食早就脱离了小点心的范畴,成了低热量、低脂肪、高纤维、高蛋白的健康食物的代表。

轻食的轻,既指少盐少油、以生食为主的烹饪方式所代表的轻口,也指少食多餐、适量饮食所代表的轻量,以及具有减肥效果的低脂肪和高纤维食材所代表的轻身。所以,西式鸡肉蔬菜沙拉和火腿鸡蛋全麦三明治是轻食;中式的杂粮饭、蒸红薯,甚至凉拌莴笋同样是轻食。

从这个角度来说,轻食与其说是一类食物的统称,不如说是一种健康的饮食和生活理念。这种轻食理念倡导我们在关注食物"色香味"的同时,也要关注食材质量和烹饪方式对健康的潜在影响,将进食视为补充营养和维护健康的手段,而不是简单地满足口腹之欲。🔊

143

"喝水也长胖"是怎么回事？

撰文 / 高龙　插画 / 毛毛虫虫

减肥失败的原因，可能就藏在被你忽视的液体热量里。

不少减过肥的人都曾遭遇这样的尴尬：自己明明注意饮食、合理运动，减肥效果却不尽如人意。有人认为是饮食法不适合自己，有人认为是运动量还不够大，还有人认为是自己天生就不容易瘦。

的确，这三者都可能对减肥效果造成影响。不过相比之下，还存在另一种可能性更高的原因，那就是忽略了液体热量。根据美国临床营养学会的研究，导致体重增加的罪魁祸首之一就是液体热量的定期摄入。研究人员指出，美国肥胖症患者激增与含糖饮料的大量消费有着直接的关系。

液体热量很好理解。简单来说，在你每日摄入的总热量中，所有来自固体食物之外的热量都属于液体热量，包括果汁、牛奶、酒水、软饮料，甚至蛋白质奶昔。研究人员发现，在管理热量摄入时，人们总是第一时间规划和计算固体食物的热量，却习惯性地忽略那些来自液体的热量。早上一杯鲜榨橙汁（120千卡/250毫升），下午一杯摩卡咖啡（360千卡/480毫升），睡前再来一杯红酒（125千卡/150毫升）——一不小心这一天就多摄入了600千卡，相当于多吃了一顿午餐。

众所周知，水本身没有热量，那么这些动辄几百千卡的液体热量来自哪儿？

答案就是添加糖。事实上除了少数液体（如水、黑咖啡和茶水）之外，大部分饮料和酒水的含糖量都非常高。高糖的危害不仅在于它所产生的高热量，还在于潜在的健康风险。研究表明，液体热量的过量摄入可能导致代谢综合征、脂肪肝、2型糖尿病甚至心脏病。

即便如此，如果能够在每次喝含糖饮品时做到浅尝，我们依旧可以将高糖带来的风险降至更低。不过事与愿违，液体热量的另一个可怕之处就是我们的大脑无法像觉察固体食物的热量那样觉察液体的热量。研究表明，在摄入液体热量时，我们的大脑不会向我们发出饱腹的信号。也就是说，即使你

144

● 鲜榨橙汁
120 千卡 /250 毫升

● 摩卡咖啡
360 千卡 /480 毫升

● 红酒
125 千卡 /150 毫升

○ 一顿午餐
600 千卡

刚喝了一杯 360 千卡的摩卡咖啡，你之后还能吃下 360 千卡的其他食物，最终造成摄入的总热量严重超标。

所以，我们到底该如何管理液体热量？

最好的选择就是拒绝所有含糖饮品，包括饮料、酒水和鲜榨果汁。鲜榨果汁虽然不含添加糖，但本身含糖量就非常高。以橙汁为例，制作一杯不加水的鲜榨橙汁（250 毫升）大约需要两个半中等直径的橙子。相比之下，食用新鲜水果不仅更容易产生饱腹感，不会吃下那么多个，还可以获取更多的营养成分，糖的摄入量也没那么高。

除此之外，所谓"无糖饮品"也并不意味着没有热量。以一款无糖豆浆粉为例，每 100 克豆浆粉含有 37.3 克碳水化合物、40 克蛋白质。这样的豆浆每喝一杯，就会摄入大约 70 千卡的热量，相当于半杯鲜榨果汁。类似的隐藏热量还包括加料的牛奶、奶盖茶、珍珠奶茶、仙草奶茶等饮品，所以无糖饮品虽然相对更健康，但也不要过量饮用。

与此同时，给自己一个重新认识无糖饮品的机会。冰美式、热红茶或单纯的清水，仔细品味之后，你会发现它们带给你的味觉享受完全不输含糖饮料。●

同样多的食物，吃的顺序和时间也影响胖瘦？

撰文 / 秦经纬　摄影 / 舒卓　插画 /Judy

明明吃得不多，减肥效果却依然欠佳？先别忙着继续
减少食量，看看自己是否选对了进餐时机吧！

减肥很难是众所周知的事，但其中也有可以"取巧"的地方，比如就算不减少食量，也能通过合理规划进餐时间、次数和顺序达到不错的效果。

首先，在一日三餐中，高碳水和高能量的食物要尽早吃，到了晚上则要少吃这类食物，将主要能量的摄入安排在早餐和午餐中。在每一餐里，进食顺序则相反，先吃热量低、纤维高的，再吃高热量和高碳水的食物。

其次，每一顿饭都别吃得太晚，尤其是晚餐，最后一餐最好在 20 点前吃完，睡觉前一小时内就尽量不要吃东西了。

最后，"少食多餐"不一定是最有利于减肥的饮食方式，尤其在对控制自己的进食量上没把握时，传统的一日三餐效果也许更好；但是适当的加餐还是有可能利于控制体重的。

147

▶ 在对的时间吃对的食物

我们知道，餐后血糖不稳定不但会影响胰岛素分泌，还会让人无法充分利用葡萄糖所产生的能量，从而造成脂肪堆积，同时让人更快产生饥饿感，导致进食过量。

有研究发现，同样的高碳水食物，在早上吃会比在晚上吃产生的血糖反应更小，这是因为到了晚上，胰岛素敏感性会比早上低。也就是说，米饭、馒头等精制碳水化合物类食品在晚上要少吃。

每一餐中，为了在增强饱腹感的基础上控制热量摄入，可以先吃热量低、纤维多、水分大的食物（例如蔬菜和水果），这类食物通常不像精米白面那么容易咀嚼，能够帮助我们放慢进食速度，从而更快产生饱腹感。

接下来再充分补充富含优质蛋白的食物（比如鱼、蛋、豆制品、奶制品等），这些高蛋白食物能够给身体提供足够能量，让饥饿感来得更慢。在这之后再吃高热量和高碳水食物就不容易吃过量了，因为肚子里已经装入不少食物，食欲已经降低了。

每一顿饭都别吃得太晚。
////////////////////////

▶ 每一餐都要吃，还要早点吃

在减肥期间，相比于直接取消某一餐，更可取的办法是调整饮食中高热量的部分。这是因为保持规律的进食对减肥是有积极作用的，长期处于饥饿状态必然会令身体以降低基础代谢率、减少消耗、囤积能量的方式以求自保，让减肥变得更加艰难。

而当我们养成有规律的进餐习惯时，身体就会适应这种机制，食欲和饥饿感也会有规律地出现，不容易发生总感觉饿或者一不小心吃多了的情况。这不仅有助于我们更精确地控制进食量，而且身体更有活力，精神状态也会更好，从而更好地执行减肥计划。

另外，每一餐最好在固定的时间吃，而且别吃得太晚。根据《国际肥胖症杂志》2013年的一项研究，即使总能量摄入和运动消耗相似，午餐吃得更晚的人，在减重总量和速度上都不如吃得早的人；即使是习惯在晚上工作的人，如果总是晚餐吃得晚吃得多，变胖的风险也更高。

我们知道，人体的生物节律是受外界因素影响的。在白天，体内各脏器、脂肪组织、肌肉组织、神经系统等的工作效率大多比晚上要高，能量消耗也大，即使人为地将主要活动都放在晚上，身体运转也仍然无法像白天那么高效。所以，即使吃同样的东西，越晚吃就越容易让热量囤积。

尤其是晚餐，如果吃得太晚，甚至临睡前才吃，不但摄入的热量来不及消耗，而且会让消化系统在睡眠时继续工作，从而影响睡眠质量。而想要减肥，充足、优质的睡眠是必不可少的。

▶ 少食多餐还是一日三餐？

少食多餐对于减肥来说确实是很好的方式——虽然每餐吃得少，但多吃几次会让人没那么容易嘴馋，也就容易坚持。

但采用这种方法的前提是，能够精确计算自己所需的进食总量，且合理地分配到每一餐中，同时还要严格按计划执行，否则会比一日三餐更容易吃过量。用餐次数越多，总共超出的热量也就可能越多，哪怕每次只多一点，一天下来也很可观。

所以，如果在执行少食多餐的计划时发现效果不佳，不妨还是回到一日三餐，也可以在正餐之前适当加餐来缓解饥饿感、增强满足感和饱腹感。

比如吃饭半小时前先喝点液体食物（如水、牛奶、豆浆、无糖饮料、少盐少油的汤羹），或者在餐前半小时少量吃一些低升糖指数的蛋白质、膳食纤维、脂肪类食品（比如蔬菜沙拉、几块水果、一小把坚果、鸡蛋等），让消化系统提前进入工作状态。这样做不仅可以让血糖反应在正餐开始后相对平稳，也可以有效地控制总进食量和进食速度，餐后的饱腹感和满足感也会更强。

但需要注意的是，加餐后要把这部分食物量从正餐中减去，也就是说，吃饭时要少吃一点，以防摄入的总热量超标。

即使吃同样的东西，越晚吃就越容易让热量囤积。 ////////

胃会因为食量而被撑大或缩小吗?

撰文 / 秦经纬　插画 / Judy

▶ "把胃撑大"只是一种感觉而已

相信不少减过肥的人都有这样的经历,在刚开始节食时总会感到格外饥饿,经过一段时间后就觉得没那么饿了,而且食量也相应减少,好像胃已经神奇地变小了。

所以胃真的可以被"饿小"吗?答案是否定的。我们的胃外层肌肉有很强的伸缩性,空腹时容量大约为 50 ~ 100 毫升,装满食物后最大容量可达 2 000 毫升,容差将近 20 倍。这种高收缩性意味着胃可以适应不断增大或减少的食量,但总容量基本不会发生改变,因此,它并不会被撑大或缩小。

所以,当我们感觉胃变小时,也只是感觉而已,或者说我们逐步适应了较小的食量。反过来说,如果一直增加进食量,我们也会渐渐适应更大的胃口。

之所以有这些感觉,不单是因为胃容量可以渐渐适应当下的食量,也是因为胃肠道和大脑之间的神经调节在起作用。也就是说,当食量改变时,大脑会和各种激素、神经信号等协作,提前或推迟下达抑制饥饿和食欲的满足感信号,从而改变进食习惯。

▶ 人为"缩胃"可行吗?

虽然胃的总容量很难改变,但如果有特别需要,胃的大小是可以通过一些手段来人为改变的,比如减重手术。目前市面上常见的减重手术有三种:胃束带手术、胃旁路手术、袖状胃手术。它们各自的特点可参见右页。

总的来说,这三种手术都可以让肥胖症患者有效减轻体重,但并不是对所有人都有效。需要注意的是,它们都只适用于严重肥胖者(BMI* ≥ 37),或者患有肥胖相关疾病的肥胖者(BMI ≥ 32)。而且这三种手术都具有一定风险,包括术后感染、恶心呕吐、内出血、严重营养缺乏、代谢紊乱等。

另外,即使符合以上条件,也要听从医生的建议选择是否进行手术。对于普通人或一般超重者并不推荐。同时,即使做了减重手术,也不意味着一定可以一劳永逸地瘦身成功,因为虽然胃的容积会明显减小,食欲和食量都得到一定控制,但如果不配合着调整饮食、增加运动,体重仍可能逐步反弹。🎞

---

① *BMI,身体质量指数。BMI= 体重(千克)/身高(米)²。

胃束带手术

手术方法

给胃系上一条可调节束带，通过其连接到腹部皮下的控制器，向束带内注射或抽出生理盐水来调节松紧，越紧胃的开口就越小，食量也就因此变小。

效果

不影响食物的消化吸收，平均可在 1 年内减轻额外体重的 40% 以上。

副作用

恶心呕吐、腹部不适，并有可能发生胃束带滑脱，还有可能出现侵蚀胃壁、与周围器官粘连等长期并发症。

胃旁路手术

手术方法

在胃的上端分隔出一个小胃袋（大概只有拳头大小），并将出口直接通向小肠下部，减少了胃的有效容积，从而限制食量。

效果

减少食物的消化吸收，平均可在 1 年内减轻额外体重的 65% 以上。

副作用

术后可能出现出血、溃疡、瘢痕狭窄等并发症，并可能导致进食呕吐、长期营养不良、慢性腹泻、多种维生素缺乏、电解质紊乱等。

袖状胃手术

手术方法

沿胃长轴切除胃的大部分以及全部胃底，有效减少胃容积，显著减少食量。

效果

不影响食物的消化吸收，平均可在 1 年内减轻额外体重的 56% 以上。

副作用

短期可能出现出血、吻合口瘘等并发症。由于减肥效果比胃束带手术效果显著，副作用又比胃旁路手术小，因此该手术近十年来逐渐流行，但是否会有长期并发症还不十分确定。

151

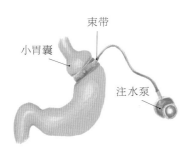

胃束带手术

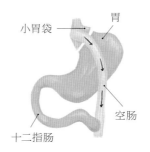

胃旁路手术

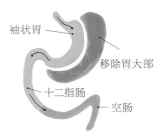

袖状胃手术

假期不长胖，可能吗？

撰文 / 高龙　　图片来源 / 视觉中国

"假期肥"的背后是暴饮暴食，
暴饮暴食的背后则是对庆祝的误解。

我们对假期的感情总是很复杂——期待它的到来，同时又害怕它的结束。因为假期结束不仅代表我们要和惬意的时光说再见，往往还意味着我们不得不面对随着假期结束一起到来的脂肪。

根据 2016 年发表在《新英格兰医学杂志》上的一项研究，"假期肥"特指在 11 月中旬到次年 1 月中旬期间增加的体重，是西方成年人每年体重增加的罪魁祸首之一。回想一下我们在春节期间的种种经历，你会发现这个结论同样适用于我们。只是每天多喝两罐啤酒或饮料就能让你在春节七天假期里多摄入至少6 000 千卡的热量，而消耗掉这些热量则需要一位体重66 千克的成年男性高强度跑步约72 小时。

所以，假期不长胖，可能吗？

可能的。假期肥的背后是暴饮暴食，暴饮暴食的背后则是对庆祝的误解。我们总是习惯用大吃大喝来迎接假期的到来，表达心中的喜悦。但表达喜悦的方式有很多种，假期的意义也不应仅仅在于吃喝。所以，想要假期不长胖，我们首先要做的就是探索吃喝之外享受假期的新方式。当我们不再只关注吃喝，暴饮暴食的概率自然就会降低。

不过，考虑到实际情况，如果你实在无法改变你的假期主题，下面这些小贴士可以帮你在保持身材的同时，最大限度地享受美食。

不要随意略过一餐。很多人以为将早餐和午餐省下来的热量分给晚餐并不会改变摄入的总热量。但 2014 年发表在《生理学与行为》上的一项研究表明，这种做法很容易导致晚餐时过量饮食。明智的做法是合理规划一日三餐，避免因为饥饿而过量饮食。

做一个爱计划的人。提前安排自己每天摄入食物的种类和热量，不仅便于我们做到营养的全面和均衡，也允许我们最大限度地保留对美食的好奇。明天中午想吃炸鸡？没问题，在明天的饮食计划中适当减少早餐和晚餐的热量摄入，你完全可以奖励自己两根鸡翅，当然，最好是去皮的。

春节7天
多摄入至少
6 000千卡

亲自下厨。如果每次阖家团圆的日子都是父母下厨，那我们很有可能永远都避免不了餐桌上的大鱼大肉。所以，下次春节不妨尝试自己下厨。这样一来，我们可以用实际行动向父母传达健康饮食的理念，更重要的是我们可以将假期期间的热量摄入掌握在自己手中。

注意液体热量。因为不易产生饱腹感且普遍热量偏高，液体热量往往成为我们暴饮背后的元凶。明智的做法是像关注三餐热量一样关注液体热量。尽量不喝含糖饮料，同时控制饮酒。一天最多喝一小罐啤酒或一杯葡萄酒。不得不喝烈酒的时候，可以尝试加入无糖苏打水。

外出聚餐时，不要空腹前往。外出聚餐之前，稍微吃些东西，半颗苹果、半份全麦鸡胸三明治或一个水煮蛋。不要把这顿简餐当成三餐之外的加餐，而是提前预支的晚餐。在聚餐这种特别容易过度进食的场合，提前吃一点食物可以更好地帮你抵抗美食的诱惑，避免暴饮暴食。

最后，不要忘了运动。旅行时，尽量选择带健身房的酒店；如果条件允许，尽量选择乘坐公共交通或步行。保持运动不仅可以让我们更轻松灵活地控制热量摄入，也让我们能够以一种不同的方式去体会旅行的魅力。

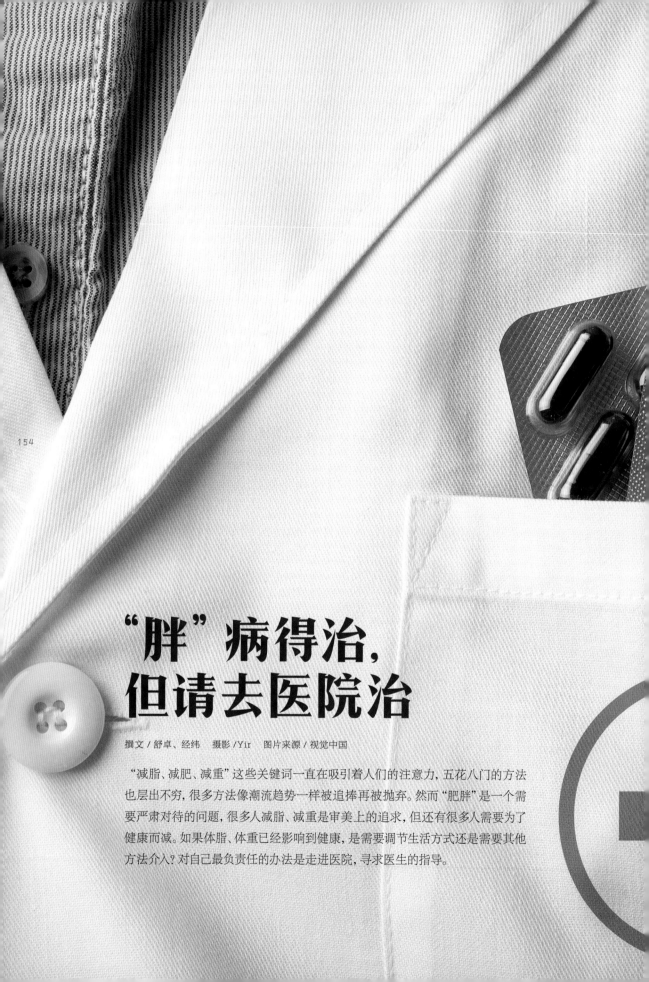

"胖"病得治，
但请去医院治

撰文 / 舒卓、经纬　摄影 /Yir　图片来源 / 视觉中国

　　"减脂、减肥、减重"这些关键词一直在吸引着人们的注意力，五花八门的方法也层出不穷，很多方法像潮流趋势一样被追捧再被抛弃。然而"肥胖"是一个需要严肃对待的问题，很多人减脂、减重是审美上的追求，但还有很多人需要为了健康而减。如果体脂、体重已经影响到健康，是需要调节生活方式还是需要其他方法介入？对自己最负责任的办法是走进医院，寻求医生的指导。

▶ "肥胖"需要医生的诊疗

肥胖是一种疾病,需要依靠检查结果和医生的诊断以判断如何正确减重。许多正在减重的患者在自行减肥过程中常常会忽略掉营养均衡的问题。实际上在饮食中,蛋白质、碳水化合物、脂肪、维生素、矿物质、膳食纤维和水都必不可少,长期缺乏某些营养素,还将对身体造成损害。缺乏医生指导的减重过程往往容易出现各种各样的隐患和健康问题。

科学合理的营养治疗联合运动干预是有效、安全的基础治疗。若患者在对生活方式干预半年后依然无效,医生还会根据患者自身情况进一步使用医疗手段干预,比如心理干预、药物治疗,甚至是外科手术,其间有可能涉及多个科室的协作诊疗。

科学合理的营养治疗联合运动干预是有效、安全的基础治疗。

▶ 减重门诊在哪里

"减重门诊"并不是我国公立医疗体系中的一个独立科室,可以将其理解为多学科团队协作诊疗项目。2016年《中国超重 / 肥胖医学营养治疗专家共识 (2016年版)》(简称"医学减重共识")发布,随后由中国医促会营养与代谢管理分会发起了"医学减重示范中心"项目,全国25家医院成立了"医学减重示范中心"。

减重示范中心统一应用"医学减重共识",按照规范的医学营养减重的原则和标准化路径,以诊断和治疗超重和肥胖者为核心,根据个体差异定制解决方案,涵盖限能量平衡膳食、高蛋白膳食模式、轻断食膳食模式、心理治疗及减重治疗后的维持等内容,为患者提供安全的减重服务。

但"肥胖"问题并不是一定要找到"减重门诊"才可解决，患者也可以在所在地区的正规医院寻求相关科室的帮助，比如营养科、内分泌科、普通内科、胃肠内科等。医生会根据患者肥胖程度和自身基础条件不同，申请科室之间的联合会诊，现在还可以通过网络平台在医院的官方 App 或者其他挂号平台预约门诊，有些医院和医生也可在线提供远程诊疗服务。

2016 年公布的首批医学减重示范中心（排名不分先后）

北京协和医院	南京医科大学附属逸夫医院
北京清华长庚医院	苏州大学第一附属医院
首都医科大学附属北京潞河医院	安徽省立医院
中国医科大学航空总医院	安徽医科大学第一附属医院
北京大学第一医院	哈尔滨医科大学附属第四医院
河北医科大学第一医院	内蒙古自治区人民医院
青岛市市立医院	吉林省人民医院
青岛大学附属医院	大连医科大学附属第一医院
烟台毓璜顶医院	兰州大学第一医院
郑州大学第一附属医院	北京大学深圳医院
陕西省人民医院	广州红十字会医院
华中科技大学同济医学院附属同济医院	第三军医大学新桥医院
	贵州医科大学附属医院

▶ 首诊减重者可能涉及的检查项目

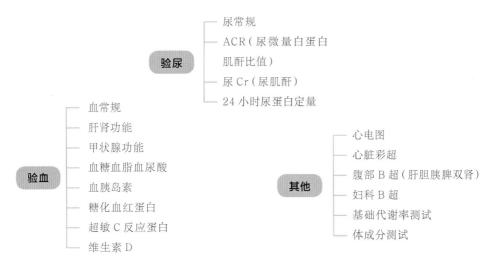

验尿
- 尿常规
- ACR（尿微量白蛋白肌酐比值）
- 尿 Cr（尿肌酐）
- 24 小时尿蛋白定量

验血
- 血常规
- 肝肾功能
- 甲状腺功能
- 血糖血脂血尿酸
- 血胰岛素
- 糖化血红蛋白
- 超敏 C 反应蛋白
- 维生素 D

其他
- 心电图
- 心脏彩超
- 腹部 B 超（肝胆胰脾双肾）
- 妇科 B 超
- 基础代谢率测试
- 体成分测试

如果减肥药都敢吃，为什么不敢先找医生？

在查阅减肥药相关资料的过程中，我们发现在这个领域虽然不断有新的科研成果问世，但是能够经得住考验的靠谱产品寥寥无几，很多曾经的减肥明星药物后来都因为效果欠佳或者风险过高走下神坛。

以往很多已经被证明有害、被禁的减肥药成分仍然被一些商家在重新包装后投放到市场上，以后也不敢保证能够完全杜绝此类现象的发生。这些成分，有的会对人体造成伤害，有的并不具备真正的减肥效果。例如含有已经被多国禁止的西曲布明的减肥药，还有含有会导致心脏瓣膜严重受损的芬氟拉明的减肥药，用番泻叶通便和利用利尿剂成分去水肿的肠润茶和减肥茶，长期服用都有可能给身体带来伤害。与其冒着损失健康的风险去交换一个不确定的减肥效果，不如让医生来一起帮你正视问题，用安全靠谱的方法甩掉多余的脂肪。

工具箱

营养成分表和配料表怎么看？

撰文 / Tinco　摄影 / 舒卓

叫同一个名字的食品，热量、营养价值、添加剂也可能完全不同。
所以如果想控制体重，本着低热量、少糖少油少盐的原则，
必须学会看懂营养成分表和配料表，这样才能吃得明明白白。

看能量和克重，算单份热量

营养成分表里的能量单位是千焦(kJ)，而营养学里我们常说的是千卡(kcal)，俗称大卡。它们之间的换算关系是 1 千卡 = 4.184 千焦，所以把能量数值除以 4 就约等于热量千卡数了。

同时，营养成分表里的克重单位未必是你每次吃的分量。比如，常见的克重是 100 克，但有些零食一份只有 30 克，有些饮料是 300 克，这个时候就要按比例折算一下分量，那才是你吃进去的热量。所以，买零食的时候尽量买有独立小包装的，每次吃零食的总热量都控制在 100 千卡以内，是比较合理的。

看配料表成分，越简单越好

按照我国《预包装食品标签通则》要求，在质量百分比超过 2% 的前提下，配料的排序需按含量由高到低进行排列。如果配料表成分非常简单，且天然食材排名都比较靠前，就相对更健康。

看碳水化合物和脂肪，两个值不能同时高

结合上一条原则，如果在营养成分表中，脂肪和碳水化合物的数值占比都很高，那配料表里添加糖或添加油的排序都会比较靠前。比如，马铃薯是一种营养价值很高的天然食材，但是经油炸做成薯片后，油脂含量就很高，有些产品的添加油重量甚至比马铃薯本身还高。而原味坚果也是很好的不饱和脂肪酸来源，但琥珀核桃仁这类在制作过程中添加了很多糖的坚果，就没那么健康了。

值得注意的是，有些包装上写了"0 蔗糖"的，可能会添加其他甜味素来取代蔗糖，未必更健康。常见的"隐形糖"包括果葡糖浆、麦芽糖浆、甜蜜素等，都要尽量避开。没有糖也不代表碳水化合物含量低，如果这款零食的主体就是碳水化合物，其实你就应该把它当作"主食"来看待。

看反式脂肪酸和钠，越低越好

"反式脂肪酸"的含量在我国相关法规中是一个强制性的标示内容，人造反式脂肪酸能避开就避开，反映在成分表中，常见的有：氢化植物油、氢化脂肪、精炼植物油、人造黄油、植物黄油、人造奶油、植物奶油、麦淇淋(马淇淋)、奶精、植脂末、代可可脂等。反式脂肪酸的"重灾区"有沙琪玛、起酥面包、曲奇饼干、油酥点心、以奶精为原料的奶茶等，可以着重注意。

平均钠摄入量过高一直是中国糖尿病、高血压等慢性病高发的原因之一，腌制类食物就是钠超标的"重灾区"。而且钠摄入量过高容易引起水肿，直接导致看起来更胖了。这里可以参考营养成分表中 NRV%(营养素参考值)这个数值，100% 就相当于全天的推荐摄入量。《中国居民膳食指南(2016)》建议，成人每天钠的摄入量应低于 2 克，所以如果这个食品的钠含量有 1 克，NRV% 就是 50%，那你就要避免一次吃太多，不然可能光吃零食就把一天的钠额度给吃完了。●

▶ **实例练习**

1 都是饼干, 选哪个?

Good 姜汁薄脆
净含量 130 克 (8 袋)

Bad 夹心饼干 (小份)
净含量 58 克

项目	每 100 克	NRV%
能量	1 867 千焦	22%
蛋白质	4.3 克	7%
脂肪	9.6 克	16%
– 反式脂肪酸	0 克	
碳水化合物	84.6 克	26%
钠	31 毫克	2%

项目	每 100 克	NRV%
能量	2 035 千焦	24%
蛋白质	4.5 克	8%
脂肪	21.5 克	36%
碳水化合物	67.5 克	23%
钠	420 毫克	21%

结论 看热量。姜汁薄脆每袋热量是 (1 867÷4.184÷100)×(130÷8) ≈ 72.5 千卡, 夹心饼干每袋热量是 (2 035÷4.184÷100)×58 ≈ 282.1 千卡。所以姜汁薄脆更适合作为加餐零食。

2 都是蔬菜干, 选哪个?

Good 冻干水果蔬菜干
净含量 12.5 克

Bad 田园果蔬脆
净含量 100 克

项目	每 100 克	NRV%
能量	1 632 千焦	19%
蛋白质	2.9 克	5%
脂肪	1.0 克	2%
碳水化合物	90.9 克	30.0%
钠	12 毫克	1%

项目	每 100 克	NRV%
能量	2 443 千焦	29%
蛋白质	5.0 克	8%
脂肪	42.5 克	71%
碳水化合物	46.2 克	15%
钠	393 毫克	20.0%

结论 看碳水化合物和脂肪的比例。冻干水果蔬菜干没有添加油, 田园果蔬脆几乎一半果蔬一半油。

3 都是牛肉干，选哪个？

Good

风干牛肉 净含量 160 克

Bad

牛肉脯 净含量 75 克（8 小袋）

配料表
牛肉、食用盐、香辛料

配料表
牛肉、白砂糖、鸡蛋、鱼露、芝麻、花生蛋白、大豆蛋白、海藻糖、植物油、肉味粉（牛肉、猪肉、鸡肉提取物）、食用香精香料、麦芽糊精、食用盐、味精、香辛料、食品添加剂（甘油、碳酸氢钠、脱氢乙酸钠、胭脂虫红）

结论 看配料表。风干牛肉的配料表更简单，比牛肉脯更健康。

4 都是辣条，选哪个？

Good

魔芋爽 净含量 150 克（7 小袋）

Bad

辣条 净含量 112g

项目	每 100 克	NRV%
能量	1 452 千焦	17%
蛋白质	39.4 克	66%
脂肪	1.4 克	2%
碳水化合物	37.6 克	13%
钠	149 毫克	7%

项目	每 100 克	NRV%
能量	1 736 千焦	21%
蛋白质	7.4 克	12%
脂肪	22.6 克	38%
碳水化合物	45.5 克	15%
钠	2 740 毫克	137%

结论 看钠含量。魔芋爽低脂也低钠，还有小包装。而辣条钠含量过高，一包的钠含量就已经是《中国居民膳食指南（2016）》全天建议量的近 1.5 倍了。

"伪健康"零食
怎么分辨？

撰文 / 张婧蕊　插画 / 子丸喜四　图片来源 / 视觉中国

一些看似健康的食物，却可能让你越吃越胖。

▶ 调味坚果

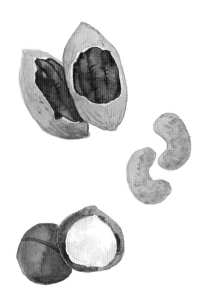

奶油味的碧根果、焦糖味的夏威夷果、盐焗腰果……所有调味坚果的好味道都是靠着食用盐、白砂糖、香精、炼乳、甜味剂等一系列添加剂才调配出来的。本来每天食用适量的原味坚果是很好的事情，调味坚果却可能让你在无意间摄入超标的盐、糖和油。

▶ 高纤维饼干

这类饼干虽然看起来很健康，但热量并不一定比普通饼干少，并且高纤饼干为了改善口感，制作过程中还会添加额外的油，反而提高了脂肪的含量。以"好吃点"高纤饼干为例，每100克饼干的脂肪含量为34克，而《中国居民膳食指南（2016）》建议的成人每日油脂摄入量为25克，也就是说差不多吃5～6块高纤饼干就已经超过这个标准的一半了。

总而言之，就算给饼干冠上"无糖""粗粮""养胃"之类的名头，也很难改变他们热量高、不健康的事实。

▶ 零食应该怎么吃？

1. 把零食看作加餐，也应该纳入一天的能量计算之中。根据每天热量的盈余来判断自己要吃多少，做到心中有数，自然也不容易吃多了。每次加餐摄入的热量最好控制在200～300千卡。

▶ **乳酸菌饮品**

其实乳酸菌饮品是很难起到调节肠道功能的作用的，广告中所提到的几百亿益生菌，就算有也会在乳酸菌饮品的生产和储存过程中大量损失掉，能够真正到达我们肠道的寥寥无几。

而且很多乳酸菌饮品为了中和酸味会加入大量的糖，不少乳酸菌饮品的含糖量甚至和可乐不相上下。以我们最为熟知的"养乐多"为例，白砂糖的含量位于整个配料表的第二位，即使"低糖版"也没有好到哪去，千万不要被商品名迷惑了。

▶ **零添加果蔬汁**

现在我们在市面上看到的零添加产品大多指的是不添加人工香料、稳定剂、防腐剂等食品添加剂，但这其中并不包括糖，因此零添加产品的含糖量并不一定会低。而且榨汁这道工序会破坏水果和蔬菜中的营养素，又舍弃了果蔬本身自带的膳食纤维，让你明明喝了很多也不觉得饱。所以，如果从营养健康和饱腹感的角度来看，还是更推荐食用完整新鲜的水果和蔬菜。

2.在选择零食时，优先考虑水果、蔬菜、牛奶、酸奶等健康且营养密度高的食物。

3.如果是加工零食，购买前一定要对照配料表和营养成分表检查是否高糖高脂和高钠，尽量能选择轻加工的产品。

4.选择小包装的零食或者自己用食品袋分装，避免一口气吃太多。

体脂率怎么测？

撰文 / 高龙　　插画 / 子丸喜四

真相就是体脂率无法被精确地测量出来，但可以通过一些方法来推测。

▶ **什么是体脂率？**

体脂率是人体内脂肪重量占总体重的比例，它反映着人体内脂肪含量的多少。

虽然这本书的主题是"减肥"，但体脂绝不是越少越好。脂肪不仅是我们最重要的能量储备，还调节内分泌平衡，同时作为缓冲层为体内器官提供保护。所以，一个人的体脂率不能低于生存所需的最低值——对于男性来说，这个范围是2%～5%，对于女性则是10%～13%。

在此之上，如果你是女性，你的目标是保持身体健康同时拥有一定的肌肉线条，那你的理想体脂率应该在21%～24%之间；如果你的目标是保持运动员一般的身材同时拥有极其清晰的腹肌线条，那你的理想体脂率应该在14%～20%之间。如果你是男性，这两个范围应该分别为14%～17%和6%～13%。

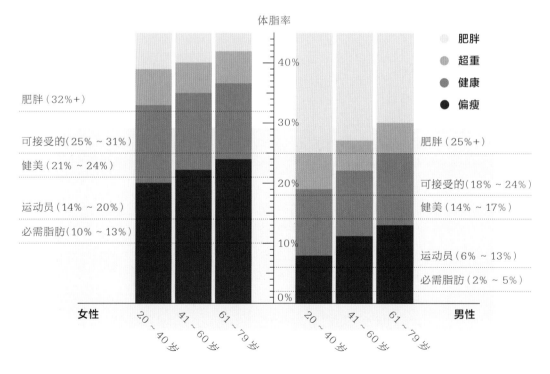

▶ 体脂率怎么测？

在深入了解体脂率的不同测法之前，我们首先需要明确一个事实：唯一能够精准测量体脂的方法就是尸体解剖——将尸体中的脂肪分离，然后称重。除此之外，我们只能选择测量一些能够测量的参数，然后去推测体内脂肪的多少，这也是目前市面上绝大多数体脂率推测法的基础。

因为是推测，所以一定会有误差。根据选择参数的多少，体脂率推测法可以分为四室模型分析法和二室模型分析法两种，其中四室模型分析法被称为体脂率推测的黄金标准，误差最小。我们熟悉的体脂秤和皮褶测量法都属于二室模型分析法，误差相对较大。

体脂推测的黄金标准
四室模型分析法

这种模型将身体分成脂肪、蛋白质、水分和矿物质四部分。先用水下称重或空气置换来测量身体的密度，再用氘稀释的方法来测量全身水分，用双能 X 线吸收法（DEXA）来测量骨矿物质成分，最后用公式来推测脂肪的含量。四室模型分析法得出的结论算是目前为止对体脂率最精准的推测，不过因为费用昂贵，目前只在科学研究中使用。

体脂推测的常用方法
二室模型分析法

这种模型将身体分成脂肪和非脂肪体重两部分。非脂肪体重包含了所有体内不是脂肪的物质，比如器官、肌肉、骨骼和水分等。我们目前能够接触到的体脂推测法，基本上都属于二室模型分析法。

2.1 水下称重法

原理：水下称重法根据阿基米德原理，通过排水法获得身体体积，用体重计获得身体重量，由此推断出身体密度 = 陆上体重 / [（陆上体重 - 水中体重）/ 水密度 - 体内残气量]，然后将密度带入相应公式即可求得体内脂肪的百分比。空气置换法与其类似，只不过将水替换成了空气。

弊端：种族以及体内水分的多少直接关系到体脂率数值的高低，个体误差最高可达 5% ~ 6%。

2·2 生物电阻法

原理：人体内不同的成分具有不同的电阻抗，电阻抗的大小由含水的多少决定。脂肪含水量低，电阻抗大，导电性能差；非脂肪体重含水量高，电阻抗小，导电性能好。生物电阻法通过向体内导入一定频率的电流，结合人体参数值和测得的电阻抗，即可计算人体中非脂肪体重的体积和含量，进而算出人体脂肪的含量。体脂秤的原理就是生物电阻法。

弊端：同样受到体内水分多少的影响。除此之外，当厂家生产生物电阻抗设备时，他们通常会使用本来就有误差的水下称重法来获得原始数据，因此让我们对体脂率的推测产生了双重误差，个体误差最高可达 8% ~ 9%。

2·3 皮褶测量法

原理：在相同的体重下，非脂肪体重的体积比脂肪小，密度更大。所以，身体密度越大，就代表非脂肪体重越多，脂肪越少。皮褶测量法通过测量身体不同位置的皮褶厚度，然后将皮褶厚度的总和代入公式得到身体密度，最后使用与水下称重法相同的转换公式，即可将身体密度转换为体脂率。

弊端：皮褶测量法使用的身体密度公式基于本来就有误差的水下称重法。同时，因为与水下称重法使用相同的转换公式，所以种族以及体内水分的多少直接关系到体脂率数值的高低，导致个体误差最高可达 3% ~ 5%。

▶ 关注变化更重要

如上所述，目前市面上常见的体脂推测法都存在不小的误差。这些误差不仅出现在每次推测体脂时，还出现在追踪一段时间内的体脂变化时。

相比之下，更明智的做法就是将重点放在追踪体脂变化趋势上，同时将皮褶测量与体重测量、围度测量（腰围、腿围、臂围等）以及拍照目测结合在一起综合分析，这样即使皮褶测量的数据不够准确，你也能得到相对准确的体脂变化趋势。这种方法的另一个好处，就是你甚至无须计算体脂率。如果你的皮褶厚度总和降低了，那基本说明你的体脂率也降低了。

最后，尽量确保每次测量时的条件相同。相同的人、相同的工具，更重要的是相同的时间，公认的最佳测量时间是早上醒来之后，喝第一口水和吃早餐之前。ⓜ

三点皮褶测量法

工具	皮脂卡尺一个
测量点	**男性**  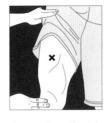  胸部：腋前线（腋下的褶皱）与乳头连线中点取斜褶　　大腿：大腿前面中线、髋关节腹股沟褶皱与髌骨近侧缘连线中点处取竖褶　　腹部：脐右侧 2 厘米处取竖褶 **女性**    三头肌：手臂自然下垂，于上臂后面的中线、肩关节与肘关节连线的中点取竖褶　　大腿：于大腿前侧中线上，膝盖骨近侧缘与腹股沟褶皱连线的中点处取竖褶　　髂上：角度与髂嵴一致,于腋前线上,髂嵴正上方取斜褶
方法	1. 用大拇指和食指掐住一处皮褶； 2. 将卡尺的测量端呈直角放在手指下方 1 厘米处，等待 2 秒钟； 3. 记录读数，然后释放卡尺； 4. 2 秒钟后，重复上述测试过程 2 次； 5. 求 3 次测量值的平均值。如果同一部位两次测量差异超过 2 毫米，则有必要进行第 3 次测量，并选取相差 2 毫米以内的两个数据，求其平均值。

将体脂秤和皮褶测量的数据，与体重测量、围度测量以及拍照目测结合在一起综合分析，观察体脂变化趋势。/////////////////////

热量缺口怎么算？

撰文 / 高龙　摄影 / Yir　插画 / 子丸喜四

计算热量缺口是为了让自己对饮食和运动更有意识。

热量缺口 ＝ 热量总消耗 － 热量总摄入

基础代谢（BMR）[①] + 运动消耗 ＋ 食物热效应（TEF）[②]　　每天摄入食物的总热量

Mifflin-St Jeor 公式　　　　热量总摄入的 10%

女性（千卡 / 天）：10 × 体重（千克）＋ 6.25 × 身高（厘米）－ 5 × 年龄 － 161
男性（千卡 / 天）：10 × 体重（千克）＋ 6.25 × 身高（厘米）－ 5 × 年龄 ＋ 5

▶ 如何计算热量缺口？

　　在影响热量缺口的四个因素中，基础代谢受体重影响，食物热效应随热量总摄入而变化，所以在体重没有明显变化的前提下，决定热量缺口的因素只有两个：运动的消耗和食物的摄入。

①BMR，全称 Basal Metabolic Rate，是指人体在清醒而又极端安静的状态下，不受肌肉活动、环境温度、食物及精神紧张等影响时的能量代谢率。
②TEF，全称 Thermic Effect of Food，是指由于进食而引起能量消耗增加的现象。

所以，想要制造热量缺口，就要学会合理地增加运动以及聪明地选择食物。

以一名身高 165 厘米，体重 65 公斤的 30 岁女性为例。为了达到减肥的目的，她每天的热量总摄入应该与基础代谢持平或略微超过，通过 Mifflin-St Jeor 基础代谢公式可以算出约为 1 400 千卡。

接下来她可以根据自己的饮食习惯，将这 1 400 千卡分配到三餐和零食中。这样做的好处就是便于提前对每一餐进行热量规划，进而实现对总摄入热量的掌握。300 千卡的早餐怎么搭配？如果你能做到对常见食物的热量心中有数，其实这个问题并不困难。两片全麦吐司、一枚水煮蛋加一杯拿铁咖啡，或者一个鸡蛋火腿三明治、一个橙子加一杯美式咖啡，热量都在 300 千卡左右。

相比早餐，午餐和晚餐的热量估算要更难一些。不仅因为涉及的食材更多，还在于往往会多了油。以花生油为例，100 克花生油的热量约为 900 千卡，即使按照每天摄入两匙（约为 25 克）来算，你每天通过烹调油摄入的热量也高达 225 千卡。

如果说聪明地选择食物是制造热量缺口的基础，那合理地增加运动才是制造热量缺口的关键。

根据公式，当你的热量总摄入与基础代谢持平时，你的热量缺口就是你的运动消耗和食物热效应。食物热效应是指由于进食而引起热量消耗增加的现象。一个饮食均衡的人，食物热效应可以帮他提高 10% 左右的热量消耗。

以同一名女性为例。一斤脂肪大约有 3 500 千卡的热量，如果她想在一周之内减肥一斤，她需要制造总共 3 500 千卡、每天平均 500 千卡的热量缺口。其中，食物热效应可以提供 1 400 千卡 ×10%=140 千卡，剩下的 360 千卡就需要她通过运动来制造。按照她的体重，慢跑 50 分钟或以正常速度蛙泳半个小时都可以帮她达成这个目标。

最后，希望大家在学会计算热量缺口的同时不要忘了这样做的初衷：我们的目的不仅在于减肥，还在于通过对热量的持续关注，在减肥之余养成注意饮食和坚持运动的生活习惯。只有这样，我们才能在减肥成功之后不再反弹。🔊

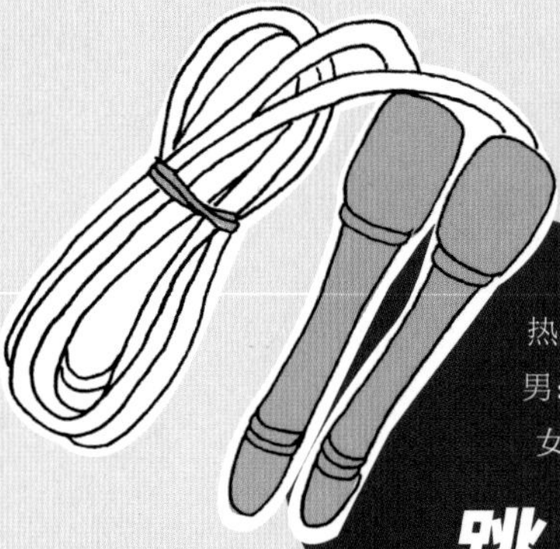

174

热量消耗
男：110.0
女：93.3

跳 绳

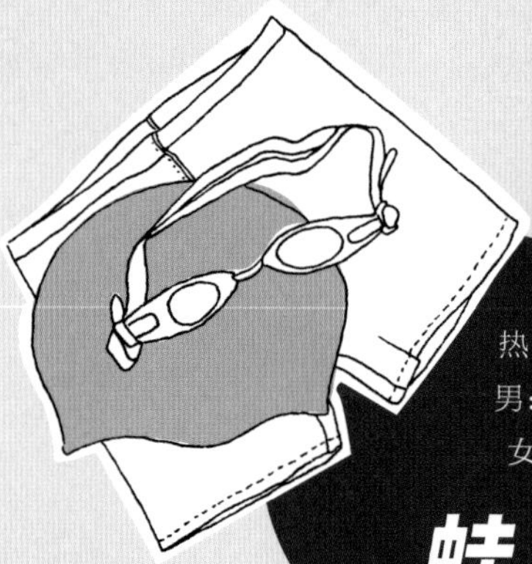

热量消耗
男：110.0
女：93.3

蛙 泳

热量消耗
男：49.5
女：42.0

羽毛球

热量消耗
男：49.5
女：42.0

跳 舞

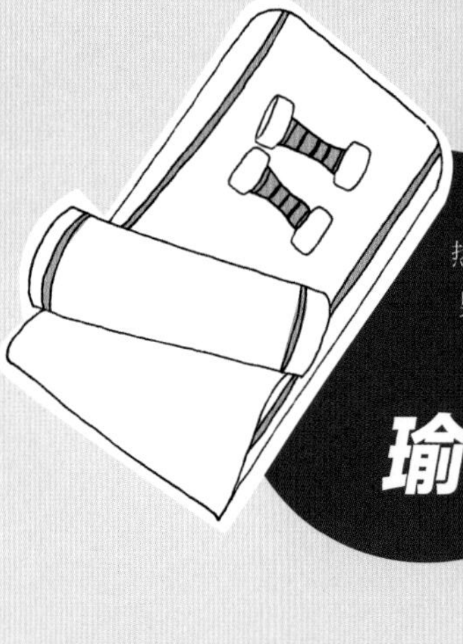

热量消耗
男：44.0
女：37.3

瑜 伽

热量消耗（千卡 / 标准体重 /10 分钟）

男性示例：
身高 178 厘米
体重 66 千克

女性示例：
身高 165 厘米
体重 56 千克

活动项目	热量消耗（千卡 / 标准体重 /10 分钟）	
	男（66 千克）	女（56 千克）
慢速（3 千米 / 小时）	27.5	23.3
中速（5 千米 / 小时）	38.5	32.7
快速（5.5~6 千米 / 小时）	44.0	37.3
步行　下楼	33.0	28.0
上楼	88.0	74.7
上下楼	49.5	42.0
走跑结合	66.0	56.0
慢跑	77.0	65.3
跑步　配速 8 千米 / 小时	88.0	74.7
配速 9 千米 / 小时	110.0	93.3
配速 12~16 千米 / 小时	44.0	37.3
骑车　配速 16~19 千米 / 小时	66.0	56.0

主食 ▶

米饭	馒头	红薯
160 千卡 /110 克	160 千卡 /80 克	160 千卡 /160 克

火腿	猪瘦肉	鸡胸肉	肋骨牛排
55 千卡 /21 克	80 千卡 /50 克	200 千卡 /116 克	300 千卡 /85 克

176

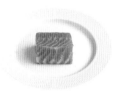

蔬菜 ▶

虾	三文鱼	胡萝卜
62 千卡 /62 克	50 千卡 /50 克	42 千卡 /100 克

◀ 油

花生油	橄榄油	北豆腐
120 千卡 /13.5 克	120 千卡 /13.5 克	70 千卡 /60 克

蛋奶 ▶

土豆
160 千卡 /200 克

全麦吐司
80 千卡 /28 克

水煮蛋
160 千卡 /100 克

◀ 肉

脱脂奶
80 千卡 /250 克

脱脂希腊酸奶
100 千卡 /170 克

炒蛋
180 千卡 /120 克

甜椒
31 千卡 /100 克

芦笋
20 千卡 /100 克

西蓝花
25 千卡 /100 克

菜心
15 千卡 /100 克

◀ 豆腐

豆腐皮
195 千卡 /75 克

平菇
22 千卡 /100 克

菠菜
20 千卡 /116 克

数据来源：1.《中国居民膳食指南（2016）》 2. https://www.calories.info/

水果热量知多少

撰文 / 张婧蕊　　插画 /NA

水果虽好，但也不能贪多。

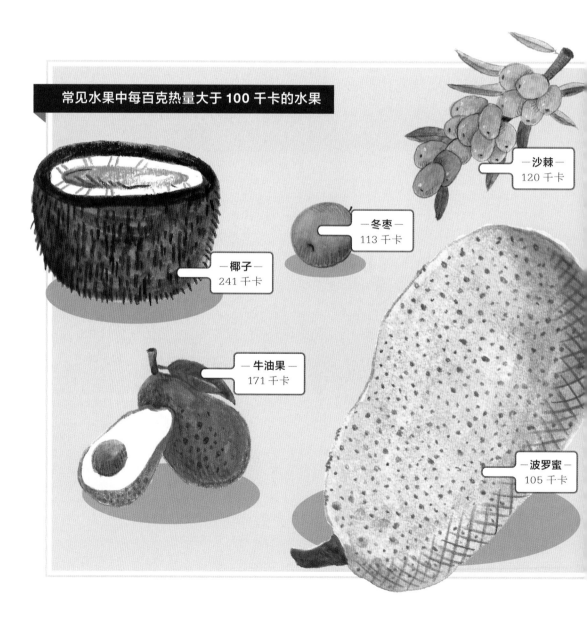

常见水果中每百克热量大于 100 千卡的水果

—沙棘—
120 千卡

—冬枣—
113 千卡

—椰子—
241 千卡

—牛油果—
171 千卡

—波罗蜜—
105 千卡

▶ **莫以甜度论热量**

　　水果里甜味的主要来源是果糖、蔗糖和葡萄糖,其中果糖的甜度大概是蔗糖的 1.7 倍、葡萄糖的 1.19 倍,也就是说果糖含量越高,水果味道也就越甜。但不论是果糖、蔗糖还是葡萄糖,它们所含的热量是差不多的,大约都是每克 4 千卡。

　　所以判断一种水果热量的高低应该看它的总糖含量,而不是味道。一些吃起来不甜的水果往往才是隐藏的"热量伏兵"。

—榴梿—
150 千卡

—香蕉—
150 千卡

—山楂—
102 千卡

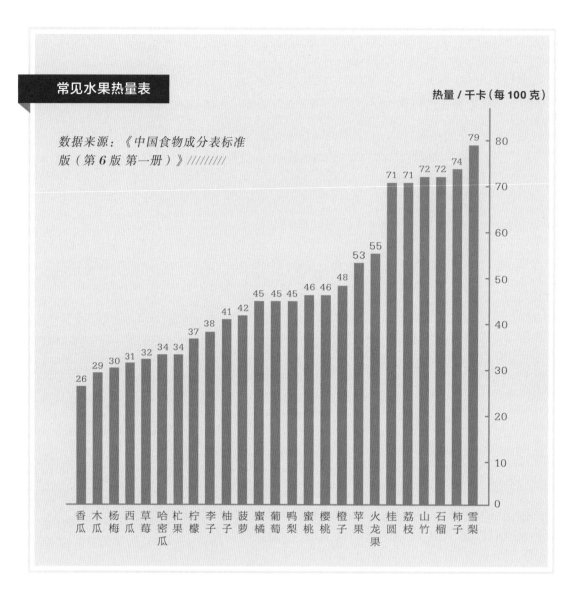

常见水果热量表

热量 / 千卡（每 100 克）

数据来源：《中国食物成分表标准版（第 6 版 第一册）》////////

香瓜	木瓜	杨梅	西瓜	草莓	哈密瓜	杜果	柠檬	李子	柚子	菠萝	蜜橘	葡萄	鸭梨	蜜桃	樱桃	橙子	苹果	火龙果	桂圆	荔枝	山竹	石榴	柿子	雪梨
26	29	30	31	32	34	34	37	38	41	42	45	45	45	46	46	48	53	55	71	71	72	72	74	79

▶ 控制好总量就可以

对于很多在减脂的人来说，水果简直是照进生命里的一道曙光。比起某些单调的减脂餐，水果口感好、食用方便，看起来又营养健康，吃起来没什么负担。所以有人会选择用水果代替一餐甚至全餐，但这种做法就有点矫枉过正了，不仅起不到减脂的作用，还会造成营养不良，因此吃多少就显得尤为重要。

《中国居民膳食指南（2016）》建议，一个健康的成年人每日摄入的水果总量应控制在 200～350 克（可食用部分）。我们可以在这个总摄入量的前提下每天选择 2～3 种热量低、营养密度高的水果食用，一些热量高的水果也可以偶尔食用，但要避免天天吃。如果今天水果吃多了，可以适当减少主食，平衡碳水化合物的摄入总量。🖐

参考
文献

◆运动解剖学编写组 . 运动解剖学 [M]. 北京: 北京体育大学出版社，
2015.

◇ 全国体育院校教材委员会 . 运动生理学 [M]. 北京: 人民体育出版社，
2002.

◆ 张钧, 张蕴琨 . 运动营养学 [M]. 北京: 高等教育出版社, 2006.

◇ 赛泽 . 营养学: 概念与争论（第13版）[M]. 王希成, 王蕾, 译 . 北京:
清华大学出版社, 2017.

◆ 克里斯特勒,鲍曼. 学会吃饭 [M]. 颜佐桦,译 . 北京:中国友谊出版公司,
2019.

◇ 中国营养学会 . 中国居民膳食指南(2016)[M]. 北京: 人民卫生出版社,
2016.

◆ 万辛克 . 好好吃饭 [M]. 卢屹, 译 . 南昌: 江西人民出版社, 2017.

◇ 陈静, 田志强, 罗志丹等 . 腹部脂肪分布与代谢综合征组分关系的研
究 [J]. 解放军医学杂志, 2005, 30(8): 638-686.

◆ 王京京, 韩涵, 张海峰 . 高强度间歇训练对青年肥胖女性腹部脂肪含
量的影响 [J]. 中国运动医学杂志, 2015, 34(1): 15-20.

◇ 何玉秀, 白文忠, 姚玉霞等 . 运动对腹部脂肪积累及肥胖基因表达的
影响 [J]. 体育科学, 1998(04): 72-75.

◆ 赵亚男, 刘素贞 . 正念与情绪化进食: 自我情绪评估的中介作用 [J].
中国健康心理学杂志, 2017(6): 929-932.

◇ 朱虹 . 情绪化进食量表的修订及应用 [D]. 中南大学, 2012.

◆ 裘林秋, 史小成. 素食对血脂及脂蛋白的影响 [J]. 心脑血管病防治, 2010, 10(2): 150.

◇毛绚霞. 上海素食人群构成及素食者健康和饮食行为调查 [J]. 卫生研究, 2015, 44(2): 237-241.

◆ GB7718-2011, 预包装食品标签通则 [S]. 北京 : 中华人民共和国卫生部, 2011.

◇ U.S. Department Of Agriculture.Get Your MyPlate Plan[EB/OL].https://www.choosemyplate.gov/.

◆ Arnow B, Kenardy J, Agras W S. The Emotional Eating Scale: The development of a measure to assess coping with negative affect by eating[J]. International Journal of Eating Disorders, 1995, 18(1), 79-90.

◇ Bruch H. Psychological Aspects of Overeating And Obesity[J]. Psychosomatics, 1964, 5(5):269-274.

◆ Mirkka M, Noora K, Timo P, et al. Chronotype and energy intake timing in relation to changes in anthropometrics: a 7-year follow-up study in adults[J]. Chronobiology International, 2018:1-15.

◇ Garaulet M, Gómez P, Alburquerque J, et al. Timing of food intake predicts weight loss effectiveness[J]. International

Journal of Obesity, 2013, 37(4):624-624.

◆ Mchill A W, Melanson E L, Higgins J, et al. Impact of circadian misalignment on energy metabolism during simulated nightshift work[J]. Proceedings of the National Academy of Sciences, 2014, 111(48):17302-17307.

◇ Ann F. How the ideology of low fat conquered America[J]. Journal of the History of Medicine and Allied Sciences, 2008, 63(2): 139-177.

◆ Frank M. Comparison of weight-loss diets with different compositions of fat, protein, and carbohydrates[J]. N Engl J Med, 2009, 360(9): 859–873.

◇ Nita G Forouhi. Dietary fat and cardiometabolic health: evidence, controversies, and consensus for guidance[J]. 2018:k2139.

◆ James M. Relationship between added sugars consumption and chronic disease risk factors: current understanding[J]. Nutrients. 2016, 8(11): 697.

◇ Garaulet, M., Gómez-Abellán, P., Alburquerque-Béjar, J. et al. Timing of food intake predicts weight loss effectiveness. Int J Obes 37, 2013, 604–611.

把每周身体数据的变化记录在这里吧

	第一周	第二周	第三周	第四周
体重 /kg				
胸围 /cm				
臂围 /cm				
腰围 /cm				
臀围 /cm				
大腿围 /cm				
小腿围 /cm				

○ 胸围：软尺紧贴着身体通过乳头的位置绕一圈

○ 臂围：手臂放松，软尺放到肱二头肌绕一圈

○ 腰围：软尺在肚脐眼上方 3cm 的位置绕一圈

○ 臀围：软尺在胯骨凸起的位置绕一圈

○ 大腿围：软尺在距离大腿根部 10cm 的位置绕一圈

○ 小腿围：软尺在小腿肚最粗壮的位置绕一圈

2020 年 3 月 13 日 星期 五

- 早餐　火腿三明治 +
  热牛奶 + 一小碗圣女果

◎ 蔬菜水果
◎ 主食
◎ 蛋白质

○ 时间　　　　　　　　　　　　○ 热量　432 千卡

- 午餐　自制便当 (香菜鸡肉丸 + 水煮秋葵
  + 南瓜饭)

○ 时间　12: 30　　　　　　　　○ 热量　526 千卡

- 晚餐　西红柿鸡蛋面

○ 时间　21: 00　　　　　　　　○ 热量　350 千卡

- 加餐　草莓 X 5

○ 时间　16: 15　　　○ 热量　50 千卡

○ 运动　30 分钟健身操

○ 消耗卡路里　148 千卡

○ 今日热量盈余　-426 千卡

Check Box
我今天吃了

- ☑ 粗粮
- ☑ 奶制品
- ☑ 蛋白质 / 豆类
- ☑ 蔬菜
- ☑ 水果

今日热量盈余 = 基础代谢 + 运动消耗 - 食物摄入总热量 ×90%

- 早餐

○ 时间　　　　　　　　　　　　　　　　○ 热量

- 午餐

○ 时间　　　　　　　　　　　　　　　　○ 热量

- 晚餐

○ 时间　　　　　　　　　　　　　　　　○ 热量

- 加餐

○ 时间　　　　　　　○ 热量

○ 运动

○ 消耗卡路里

○ 今日热量盈余

Check Box
我今天吃了

☐ 粗粮
☐ 奶制品
☐ 蛋白质 / 豆类
☐ 蔬菜
☐ 水果

- 早餐

○ 时间　　　　　　　　　　　　　　　　○ 热量

- 午餐

○ 时间　　　　　　　　　　　　　　　　○ 热量

- 晚餐

○ 时间　　　　　　　　　　　　　　　　○ 热量

- 加餐

○ 时间　　　　　　　○ 热量

○ 运动

○ 消耗卡路里

○ 今日热量盈余

Check Box
我今天吃了

- ☐ 粗粮
- ☐ 奶制品
- ☐ 蛋白质 / 豆类
- ☐ 蔬菜
- ☐ 水果

- 早餐

○ 时间　　　　　　　　　　　　　　　　　　　○ 热量

- 午餐

○ 时间　　　　　　　　　　　　　　　　　　　○ 热量

- 晚餐

○ 时间　　　　　　　　　　　　　　　　　　　○ 热量

- 加餐

○ 时间　　　　　　　　　○ 热量

○ 运动

○ 消耗卡路里

○ 今日热量盈余

Check Box 我今天吃了
☐ 粗粮
☐ 奶制品
☐ 蛋白质 / 豆类
☐ 蔬菜
☐ 水果

- 早餐

○ 时间　　　　　　　　　　　　　　　○ 热量

- 午餐

○ 时间　　　　　　　　　　　　　　　○ 热量

- 晚餐

○ 时间　　　　　　　　　　　　　　　○ 热量

- 加餐

○ 时间　　　　　　○ 热量

○ 运动

○ 消耗卡路里

○ 今日热量盈余

Check Box
我今天吃了

☐ 粗粮
☐ 奶制品
☐ 蛋白质 / 豆类
☐ 蔬菜
☐ 水果

- 早餐

○ 时间　　　　　　　　　　　　　　　　　　　○ 热量

- 午餐

○ 时间　　　　　　　　　　　　　　　　　　　○ 热量

- 晚餐

○ 时间　　　　　　　　　　　　　　　　　　　○ 热量

- 加餐

○ 时间　　　　　　　　　　○ 热量

○ 运动

○ 消耗卡路里

○ 今日热量盈余

Check Box
我今天吃了
☐ 粗粮
☐ 奶制品
☐ 蛋白质 / 豆类
☐ 蔬菜
☐ 水果

- 早餐

○ 时间　　　　　　　　　　　　　　　　○ 热量

- 午餐

○ 时间　　　　　　　　　　　　　　　　○ 热量

- 晚餐

○ 时间　　　　　　　　　　　　　　　　○ 热量

- 加餐

○ 时间　　　　　　　　　○ 热量

○ 运动

○ 消耗卡路里

○ 今日热量盈余

Check Box
我今天吃了

- ☐ 粗粮
- ☐ 奶制品
- ☐ 蛋白质 / 豆类
- ☐ 蔬菜
- ☐ 水果

- 早餐

○ 时间　　　　　　　　　　　　　　○ 热量

- 午餐

○ 时间　　　　　　　　　　　　　　○ 热量

- 晚餐

○ 时间　　　　　　　　　　　　　　○ 热量

- 加餐

○ 时间　　　　　　　　○ 热量

○ 运动

○ 消耗卡路里

○ 今日热量盈余

Check Box 我今天吃了
☐ 粗粮
☐ 奶制品
☐ 蛋白质 / 豆类
☐ 蔬菜
☐ 水果

- 早餐

○ 时间　　　　　　　　　　　　　　○ 热量

- 午餐

○ 时间　　　　　　　　　　　　　　○ 热量

- 晚餐

○ 时间　　　　　　　　　　　　　　○ 热量

- 加餐

○ 时间　　　　　　○ 热量

○ 运动

○ 消耗卡路里

○ 今日热量盈余

Check Box 我今天吃了
☐ 粗粮
☐ 奶制品
☐ 蛋白质 / 豆类
☐ 蔬菜
☐ 水果

- 早餐

○ 时间　　　　　　　　　　　　　　　　　　○ 热量

- 午餐

○ 时间　　　　　　　　　　　　　　　　　　○ 热量

- 晚餐

○ 时间　　　　　　　　　　　　　　　　　　○ 热量

- 加餐

○ 时间　　　　　　　　　○ 热量

○ 运动

○ 消耗卡路里

○ 今日热量盈余

Check Box 我今天吃了
☐ 粗粮
☐ 奶制品
☐ 蛋白质 / 豆类
☐ 蔬菜
☐ 水果

- 早餐

○ 时间　　　　　　　　　　　　　　　　　　　　○ 热量

- 午餐

○ 时间　　　　　　　　　　　　　　　　　　　　○ 热量

- 晚餐

○ 时间　　　　　　　　　　　　　　　　　　　　○ 热量

- 加餐

○ 时间　　　　　　　　　○ 热量

○ 运动

○ 消耗卡路里

○ 今日热量盈余

Check Box
我今天吃了

- ☐ 粗粮
- ☐ 奶制品
- ☐ 蛋白质 / 豆类
- ☐ 蔬菜
- ☐ 水果

- 早餐

○ 时间　　　　　　　　　　　　　　　　　○ 热量

- 午餐

○ 时间　　　　　　　　　　　　　　　　　○ 热量

- 晚餐

○ 时间　　　　　　　　　　　　　　　　　○ 热量

- 加餐

○ 时间　　　　　　　　○ 热量

○ 运动

○ 消耗卡路里

○ 今日热量盈余

Check Box 我今天吃了
☐ 粗粮
☐ 奶制品
☐ 蛋白质 / 豆类
☐ 蔬菜
☐ 水果

- 早餐

○ 时间　　　　　　　　　　　　　　　　○ 热量

- 午餐

○ 时间　　　　　　　　　　　　　　　　○ 热量

- 晚餐

○ 时间　　　　　　　　　　　　　　　　○ 热量

- 加餐

○ 时间　　　　　　　　○ 热量

○ 运动

○ 消耗卡路里

○ 今日热量盈余

Check Box 我今天吃了
☐ 粗粮
☐ 奶制品
☐ 蛋白质 / 豆类
☐ 蔬菜
☐ 水果

- 早餐

○ 时间　　　　　　　　　　　　　　　　○ 热量

- 午餐

○ 时间　　　　　　　　　　　　　　　　○ 热量

- 晚餐

○ 时间　　　　　　　　　　　　　　　　○ 热量

- 加餐

○ 时间　　　　　　　○ 热量

○ 运动

○ 消耗卡路里

○ 今日热量盈余

Check Box 我今天吃了
☐ 粗粮
☐ 奶制品
☐ 蛋白质 / 豆类
☐ 蔬菜
☐ 水果

年　　月　　日　　　　　　　　　　　　　　星期

- 早餐

o 时间　　　　　　　　　　　　　　o 热量

- 午餐

o 时间　　　　　　　　　　　　　　o 热量

- 晚餐

o 时间　　　　　　　　　　　　　　o 热量

- 加餐

o 时间　　　　　　　o 热量

o 运动

o 消耗卡路里

o 今日热量盈余

Check Box
我今天吃了

- ☐ 粗粮
- ☐ 奶制品
- ☐ 蛋白质／豆类
- ☐ 蔬菜
- ☐ 水果

- 早餐

○ 时间   ○ 热量

- 午餐

○ 时间   ○ 热量

- 晚餐

○ 时间   ○ 热量

- 加餐

○ 时间   ○ 热量

○ 运动

○ 消耗卡路里

○ 今日热量盈余

> **Check Box**
> **我今天吃了**
>
> ☐ 粗粮
> ☐ 奶制品
> ☐ 蛋白质 / 豆类
> ☐ 蔬菜
> ☐ 水果

- 早餐

○ 时间　　　　　　　　　　　　　　　　○ 热量

- 午餐

○ 时间　　　　　　　　　　　　　　　　○ 热量

- 晚餐

○ 时间　　　　　　　　　　　　　　　　○ 热量

- 加餐

○ 时间　　　　　　　　○ 热量

○ 运动

○ 消耗卡路里

○ 今日热量盈余

Check Box
我今天吃了

- ☐ 粗粮
- ☐ 奶制品
- ☐ 蛋白质 / 豆类
- ☐ 蔬菜
- ☐ 水果

- 早餐

○ 时间　　　　　　　　　　　　　　○ 热量

- 午餐

○ 时间　　　　　　　　　　　　　　○ 热量

- 晚餐

○ 时间　　　　　　　　　　　　　　○ 热量

- 加餐

○ 时间　　　　　　　　○ 热量

○ 运动

○ 消耗卡路里

○ 今日热量盈余

Check Box
我今天吃了

- ☐ 粗粮
- ☐ 奶制品
- ☐ 蛋白质 / 豆类
- ☐ 蔬菜
- ☐ 水果

- 早餐

○ 时间　　　　　　　　　　　　　　　　○ 热量

- 午餐

○ 时间　　　　　　　　　　　　　　　　○ 热量

- 晚餐

○ 时间　　　　　　　　　　　　　　　　○ 热量

- 加餐

○ 时间　　　　　　　　　　○ 热量

○ 运动

○ 消耗卡路里

○ 今日热量盈余

Check Box 我今天吃了
☐ 粗粮
☐ 奶制品
☐ 蛋白质 / 豆类
☐ 蔬菜
☐ 水果

- 早餐

○ 时间　　　　　　　　　　　　　　○ 热量

- 午餐

○ 时间　　　　　　　　　　　　　　○ 热量

- 晚餐

○ 时间　　　　　　　　　　　　　　○ 热量

- 加餐

○ 时间　　　　　　　　○ 热量

○ 运动

○ 消耗卡路里

○ 今日热量盈余

Check Box
我今天吃了

- ☐ 粗粮
- ☐ 奶制品
- ☐ 蛋白质 / 豆类
- ☐ 蔬菜
- ☐ 水果

● 早餐

○ 时间　　　　　　　　　　　　　　　　○ 热量

● 午餐

○ 时间　　　　　　　　　　　　　　　　○ 热量

● 晚餐

○ 时间　　　　　　　　　　　　　　　　○ 热量

● 加餐

○ 时间　　　　　　　　○ 热量

○ 运动

○ 消耗卡路里

○ 今日热量盈余

Check Box
我今天吃了

☐ 粗粮

☐ 奶制品

☐ 蛋白质 / 豆类

☐ 蔬菜

☐ 水果

● 早餐

○ 时间　　　　　　　　　　　　　　　　　　○ 热量

● 午餐

○ 时间　　　　　　　　　　　　　　　　　　○ 热量

● 晚餐

○ 时间　　　　　　　　　　　　　　　　　　○ 热量

● 加餐

○ 时间　　　　　　○ 热量

○ 运动

○ 消耗卡路里

○ 今日热量盈余

Check Box 我今天吃了
☐ 粗粮
☐ 奶制品
☐ 蛋白质 / 豆类
☐ 蔬菜
☐ 水果

- 早餐

○ 时间　　　　　　　　　　　　　　　　　○ 热量

- 午餐

○ 时间　　　　　　　　　　　　　　　　　○ 热量

- 晚餐

○ 时间　　　　　　　　　　　　　　　　　○ 热量

- 加餐

Check Box
我今天吃了

○ 时间　　　　　　　○ 热量

- □ 粗粮

○ 运动

- □ 奶制品

- □ 蛋白质 / 豆类

○ 消耗卡路里

- □ 蔬菜

○ 今日热量盈余

- □ 水果

年　　　月　　　日　　　　　　　　　　　　　　　　　星期

- 早餐

  ○ 时间　　　　　　　　　　　　　　　　○ 热量

- 午餐

  ○ 时间　　　　　　　　　　　　　　　　○ 热量

- 晚餐

  ○ 时间　　　　　　　　　　　　　　　　○ 热量

- 加餐

○ 时间　　　　　　　○ 热量

○ 运动

○ 消耗卡路里

○ 今日热量盈余

Check Box
我今天吃了
☐ 粗粮
☐ 奶制品
☐ 蛋白质 / 豆类
☐ 蔬菜
☐ 水果

- 早餐

○ 时间　　　　　　　　　　　　　　　　　○ 热量

- 午餐

○ 时间　　　　　　　　　　　　　　　　　○ 热量

- 晚餐

○ 时间　　　　　　　　　　　　　　　　　○ 热量

- 加餐

○ 时间　　　　　　　　○ 热量

○ 运动

○ 消耗卡路里

○ 今日热量盈余

Check Box 我今天吃了
☐ 粗粮
☐ 奶制品
☐ 蛋白质 / 豆类
☐ 蔬菜
☐ 水果

- 早餐

○ 时间　　　　　　　　　　　　　　　　　○ 热量

- 午餐

○ 时间　　　　　　　　　　　　　　　　　○ 热量

- 晚餐

○ 时间　　　　　　　　　　　　　　　　　○ 热量

- 加餐

- 时间　　　　　　　　○ 热量

○ 运动

○ 消耗卡路里

○ 今日热量盈余

Check Box
我今天吃了

- ☐ 粗粮
- ☐ 奶制品
- ☐ 蛋白质 / 豆类
- ☐ 蔬菜
- ☐ 水果

我的减脂食谱

- 菜名：迷你香蕉牛奶蛋糕

- 热量：160 千卡

- 所需材料：香蕉 X 1　鸡蛋 X 1

  牛奶 340 克　低筋面粉 90 克　泡打粉 3 克

- 步骤：

  1. 香蕉压成泥，加入牛奶、鸡蛋搅拌均匀；

  2. 再加入低筋面粉、泡打粉继续搅拌；

  3. 将拌好的蛋糕糊倒入模具，放入烤箱，180 摄氏度烤 30 分钟就大功告成啦！

- 灵感来源

  最近总想吃甜的，外面卖的蛋糕热量让我望而却步，正好家里有材料，就决定自己自制无糖的低卡蛋糕。

- 美味的秘诀

  香蕉一定要熟透的，刚烤出炉满屋都是香蕉的味道！

  特意选了迷你模具，一口一个不容易吃多。

我的减脂食谱

- 菜名

○ 热量

○ 所需材料

○ 步骤

○ 灵感来源

○ 美味的秘诀

我的减脂食谱

- 菜名

  ○ 热量

  ○ 所需材料

  ○ 步骤

  ○ 灵感来源

  ○ 美味的秘诀

我的减脂食谱

- 菜名

o 热量

o 所需材料

o 步骤

o 灵感来源

o 美味的秘诀

我的减脂食谱

- 菜名

  ○ 热量

  ○ 所需材料

  ○ 步骤

  ○ 灵感来源

  ○ 美味的秘诀

我的减脂食谱

- 菜名

  o 热量

  o 所需材料

  o 步骤

  o 灵感来源

  o 美味的秘诀

我的减脂食谱

- 菜名

○ 热量

○ 所需材料

○ 步骤

○ 灵感来源

○ 美味的秘诀

我的减脂食谱

- 菜名

- 热量

- 所需材料

- 步骤

- 灵感来源

- 美味的秘诀

我的减脂食谱

- 菜名

- 热量

- 所需材料

- 步骤

- 灵感来源

- 美味的秘诀

我的减脂食谱

- 菜名

  ○ 热量

  ○ 所需材料

  ○ 步骤

  ○ 灵感来源

  ○ 美味的秘诀

我的减脂食谱

- 菜名

○ 热量

○ 所需材料

○ 步骤

○ 灵感来源

○ 美味的秘诀

我的减脂食谱

- 菜名

- 热量

- 所需材料

- 步骤

- 灵感来源

- 美味的秘诀

我的减脂食谱

- 菜名

  - 热量

  - 所需材料

  - 步骤

  - 灵感来源

  - 美味的秘诀